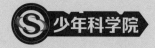

少年科学院

GUANYU HAIYANG NI YAO ZHIDAO DE 100 JIAN SHI

关于海洋，
你要知道的
100件事

英国尤斯伯恩出版公司　编著

江　滟　译

接力出版社
Publishing House

桂图登字：20-2019-077

100 Things to Know about the Oceans
Copyright © 2022 Usborne Publishing Limited
Batch no: 05095/7
First published in 2021 by Usborne Publishing Limited, England.

图书在版编目（CIP）数据

关于海洋，你要知道的 100 件事 / 英国尤斯伯恩出版公司
编著；江滟译 . — 南宁：接力出版社，2022.5
（少年科学院）
ISBN 978-7-5448-7277-5

Ⅰ . ①关… Ⅱ . ①英…②江… Ⅲ . ①海洋－少年读物
Ⅳ . ① P7-49

中国版本图书馆 CIP 数据核字（2021）第 128518 号

责任编辑：李 杨 美术编辑：张 喆
责任校对：阮 萍 王 蒙 责任监印：郝梦皎 版权联络：闫安琪
社长：黄 俭 总编辑：白 冰
出版发行：接力出版社 社址：广西南宁市园湖南路9号 邮编：530022
电话：010-65546561（发行部） 传真：010-65545210（发行部）
http://www.jielibj.com E-mail:jieli@jielibook.com
印制：鹤山雅图仕印刷有限公司 开本：710毫米×1000毫米 1/16
印张：8.5 字数：120千字
版次：2022年5月第1版 印次：2022年5月第1次印刷
印数：00 001—10 000册 定价：68.00元

我们居住的星球——地球，
也许叫作水球更准确。
因为地球的表面约70%被海洋覆盖，
从太空中看，
地球就是一颗美丽的水蓝色星球。

广阔无垠的海洋中，
蕴藏着数不尽的天然财富。
这些丰富的资源为地球增添了色彩，
为人类的生存和发展贡献着能量。
打开这本书，
一起探索海洋世界吧!

1 我们的地球，

也许应该叫作水球。

在几乎所有的人类语言中，地球这个词都与土地或泥土有关。但是，假如外星探险家们造访我们的星球，他们将发现覆盖地球表面最多的物质是水……

哇！快看这颗星球，它被水覆盖了。

我们要给它起个什么名字呢？

这是我们旅行这么久以来，第一次发现表面有液态水的星球。

蓝色星球！

海神星！

水世界！

含水星球的关键信息：

星球的表面大部分物质是水
表面由71%的水和29%的陆地构成
星球上的水大部分是咸的
97%的水来自海洋
星球上的生物大部分生活在水下
50%—80%的生命体生活在海洋中

2 冰山会"唱歌",

是因为里面藏着气泡。

大部分冰山是经过日积月累,由一层一层的冰堆积形成的。每一层冰中都含有微小的气泡,当冰山在海水中融化时,这些气泡破裂,空气冲上水面,就会发出美妙的声音。

咝咝

你来听听这个声音。

滴答!

水听器

嘭!

嗖!

咕嘟!咕嘟!

想知道水听器是什么吗?请翻到第124—125页的术语表查看。

咝咝声是被困在冰山中几百年的小气泡破裂时发出的声音。

3 地球上最大的生物群体是……

鱼群。

根据记载，大西洋的鲱鱼群是动物界最大的聚居群体。渔民们很早就知道鲱鱼可以聚集形成庞大的鲱鱼群，但是直到21世纪初，科学家们才开始记录鱼群中鱼的数量。

鲱鱼通常在深海活动，但它们也会成群地游到浅海区，待上数小时。

这些鲱鱼紧紧地挤在一起，我们的船动不了了。我们被困在这里了！

我听说一个鲱鱼群可以由2.5亿条鲱鱼组成，重量超过5万吨！

鲱鱼群能够覆盖40千米宽的海域。看来我们得在这里待上好一会儿了！

鲱鱼为什么要聚集在一起形成庞大的鱼群呢？科学家还不知道确切的原因，但是大多数科学家认为这便于它们寻找配偶。

4 海底的高山……

山顶生机盎然，山底却死气沉沉。

在海洋底部，分布着一些巍峨高山，它们叫作海底山。与陆地上的高山相反，这些海底山的顶部通常布满了海洋生物，而底部却只有贫瘠的岩石。

陆地上的高山

冰、雪和裸露的岩石

陆地上，海拔高的地方空气稀薄，土壤贫瘠，植被难以生存。

树木郁郁葱葱

海底山

茂密的珊瑚群

裸露的岩石

在海洋深处，可供珊瑚虫捕食的食物稀少，珊瑚虫难以生存。

5 每晚八点整，

是海盗熄灯的时间。

海盗通常被认为是无组织无纪律的，一切行为全凭个人的意愿。但是许多海盗船长会制定严格的规定来保证海上航行安全，这其中就包括在固定的时间熄灭蜡烛和提灯。

18世纪，威尔士的海盗黑巴特船长给他的船员制定了一系列行为准则。他要求晚上八点必须熄灭船上所有的灯，以防发生火灾——火灾对木质船来说是非常危险的。

6 快速穿越大西洋的奥秘，

是先朝北再向东航行。

北大西洋的海水稳定盘旋流动，形成了大西洋环流。数百年来，水手们总结出从西向东穿越大西洋的最快途径——将航向转向北方驶进环流中，借助海水的推力航行，即使这并不是原本要航行的方向。

大西洋环流图

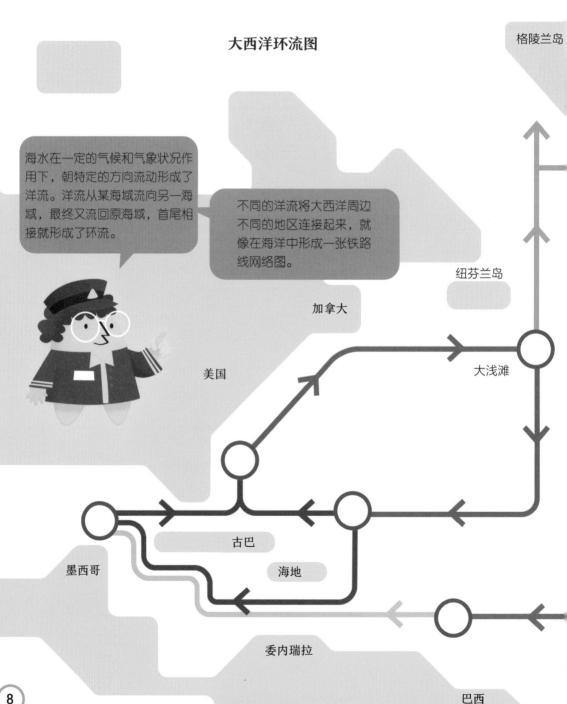

海水在一定的气候和气象状况作用下，朝特定的方向流动形成了洋流。洋流从某海域流向另一海域，最终又流回原海域，首尾相接就形成了环流。

不同的洋流将大西洋周边不同的地区连接起来，就像在海洋中形成一张铁路线网络图。

格陵兰岛

纽芬兰岛

加拿大

美国

大浅滩

古巴

海地

墨西哥

委内瑞拉

巴西

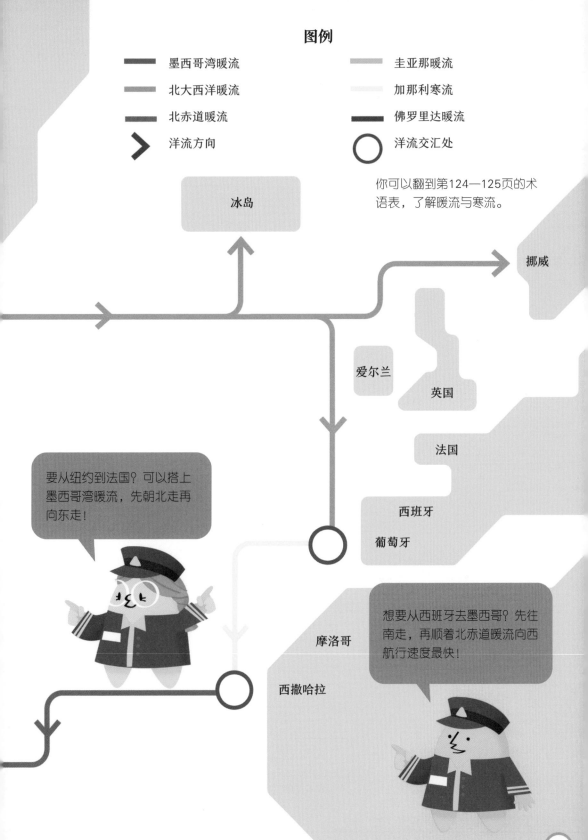

黑沙海滩的形成,

只需要一个晚上。

世界上大多数沙滩都是由沙子组成的,这些沙子通常是石英质岩石在风浪作用下,经过数千年的时间风化形成的微小石英颗粒。但是有一种沙子可以快速形成,这种沙子形成沙滩也只需要一个晚上的时间。

这种只要一个晚上就能产生的沙滩,是由岩浆(火山爆发时喷发出的熔化的岩石)不断涌入海水形成的。你可以把这个过程想象成用两种配料做出一道菜肴。

配料: 冰冷的海水和岩浆

自制沙滩教程

黑色沙子
做好啦!

黑色沙子速成配方

来自夏威夷的原始配方!在普纳鲁吾海滩、怀皮奥沙滩、凯姆海滩等地都能见到。

岩浆必须是滚烫的。请使用正确的设备操作,因为岩浆一遇冰冷的海水便会瞬间爆炸,产生黝黑发亮的火山沙砾。

8 嗨哟，哎嗨哟，大家一起拖哟，

升起船帆好行船哟！

船夫拉纤时，常常会一起唱起激昂的号子，互相鼓励，劲儿往一处使。

一个水手登上远行的帆船……

嗨哟，哎嗨哟，大家一起拖哟！

船长问他："小伙儿你会唱歌吗？"

你得使劲拖哟，不然跟不上喽！

"你能唱得了高音吗，你能唱得好低音吗？"

嗨哟，哎嗨哟，大家一起拖哟！

"如果唱不了，我们的船可就不走了。"

风在上头吹哟，水在下边流。

年复一年，船帆高高挂在帆船上。

嗨哟，哎嗨哟，大家一起拖哟！

水手边拉着纤绳边唱着歌。

你得使劲拖哟，不然跟不上喽！

抑扬顿挫的歌声能帮助水手们团结协作。

嗨哟，哎嗨哟，大家一起拖哟！

他们合着节拍拖呀，跟着节奏抬呀！

风在上头吹哟，水在下边流。

9 抹香鲸是"站着"……

睡觉的。

抹香鲸睡觉时，会采用一种很不寻常的睡姿——头上尾下竖直着身体，在海面附近漂着呼呼大睡。

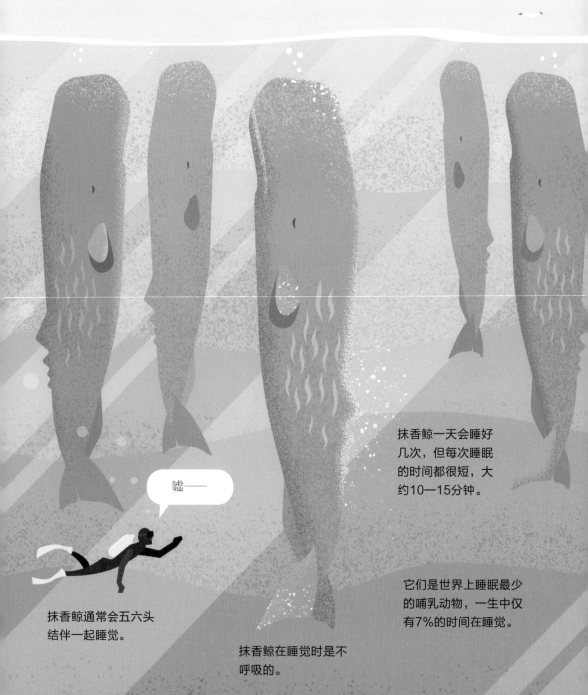

嘘——

抹香鲸一天会睡好几次，但每次睡眠的时间都很短，大约10—15分钟。

它们是世界上睡眠最少的哺乳动物，一生中仅有7%的时间在睡觉。

抹香鲸通常会五六头结伴一起睡觉。

抹香鲸在睡觉时是不呼吸的。

10 海面上反升的旗子，

可能是一个求救信号。

在茫茫大海上行驶的船遇到危险时，船员可以通过无线电、电话和卫星信标来求救。但如果这些求救方式都不起作用，该怎么办呢？或许一面特别的旗帜可以解决问题！

这些是能被世界各地的船员识别出来的求救信号，其中有些已经沿用了几个世纪。

反升国旗

将国旗中段打结

◀┈┈代表字母N

◀┈┈代表字母C

升起代表字母N和C的信号旗（来源于国际海事信号旗中的字母信号旗，"NC"的含义是"遇险，需要立即援助"）。

船员上下挥舞手臂

黑色方形旗和黑色球

发射烟幕弹

天哪，她竟然现在才告诉我们。

你就不能在船沉没之前告诉我们这些有用信息吗？

根据国际法和国际惯例，遇险船只附近的船需要前来进行援助。

11 乌贼竟然是……

伪装大师。

乌贼有一项神奇的技能——能够变换自己的形状、颜色、皮肤纹理来跟周围的环境融为一体。科学家将动物的这种特性称为适应性伪装。

乌贼时装秀
在不同的环境中，乌贼可以换上不一样的"外衣"。

乌贼是一种海洋软体动物，和鱿鱼、章鱼相近。它们通常栖息在珊瑚礁中。

粉色和橙色的"外衣"能帮助乌贼隐藏在鲜艳的、健康生长的珊瑚礁中。

乌贼移动时，身上的花纹会随着周围的环境变化，这样捕食者和猎物就都不会轻易发现它们了。

灰色的"外衣"能让乌贼融入褪色变白的珊瑚礁中。

乌贼还会藏在石块下面，这种伪装更完美。

乌贼能够利用岩石破坏自己的外形轮廓，这种方式称为破坏性伪装。

乌贼可以通过皮肤中的色素细胞来变换颜色。这些色素细胞的色素囊内储存着色素，可以呈现出不同的颜色。在神经信号的作用下，色素细胞扩张或收缩，肤色就会随之改变。

黑色的"外衣"和夜晚，以及黑暗的角落堪称绝配。

轮到你来为我们展示新造型了！

为了藏在海草中，乌贼会变换成绿色的叶状外形。

乌贼这种可以变换皮肤颜色和纹路的能力令科学家十分困惑，因为乌贼其实并不能区分丰富的颜色，它们的眼睛只能看到黑色和白色。

当然，乌贼变换"外衣"和形态不只是为了伪装，它们也会通过这种方式与同类进行交流。

当乌贼进入战斗模式时，它们会换上这种条纹状图案的"外衣"。

神秘的海洋……

无奇不有！

你知道哪些海洋生物的秘密？

最大的眼球——
直径27厘米

大王酸浆鱿的眼球是动物中最大的，一只眼球的大小几乎相当于一个保龄球。

最快一击——
每秒23米

虾蛄（gū）攻击猎物时，能够使出世界上最快和最有力的一记重拳。如果人类能用虾蛄十分之一的出击速度进行投掷，我们就能够将棒球扔进近地轨道。

最长的牙齿——
也不过1厘米

你可能觉得1厘米很短，但是在头部大小相似的动物中，蝰（kuí）鱼的牙齿是最长的，相当于它半个头部的长度。

最长寿的动物——
有近11,000岁

春氏单根海绵是一种深海生物，它是目前发现的寿命最长的动物。这种深海海绵出现时，人类历史才发展到石器时代。

最大的声音——
236分贝

抹香鲸是地球上音量最大的动物。人在演讲时一般能够达到约60分贝的音量，而抹香鲸发出的声音几乎和原子弹爆炸的声响一样大。

海洋中游得最深的鱼——
距离海面有8,178米

马里亚纳狮子鱼是海洋中游得最深的鱼。它是少数几种能够承受深海巨大压力的物种之一——8,000多米深海水的压力相当于1,600头大象踩在身上。

13 红海不是红色的,

但黄海是黄色的。

世界上有一些海的名字暗示了其海水可能有某种特殊的颜色——明红色、亮白色、漆黑色……但实际上,只有黄海的海水颜色能够和它的名字相称。

黄海

位置:位于中国与朝鲜半岛之间。

名字的由来:黄河携带着沿途大量的泥沙流入黄海,使近岸海水呈黄色。

红海

位置:位于非洲东北部与阿拉伯半岛之间。

名字可能的由来:表层海水会随季节繁殖出一种红色藻类,使海水看上去呈淡粉色或红色。

白海

位置:位于俄罗斯西北部。

名字可能的由来:

1.一年至少有6个月时间海面被冰覆盖;

2.海水十分清澈,常常能倒映出天空中的云朵,让海水看上去呈白色。

黑海

位置:位于俄罗斯、乌克兰和土耳其之间。

名字可能的由来:海底的黑色淤泥时常被风暴搅动,使海水看上去呈黑色。

14 一种微小的海洋生物，

为地球制造了一部分氧气。

我们呼吸所需的氧气主要由海洋中的植物和其他生物制造。其中20%的氧气是由一种能进行光合作用的浮游植物——原绿球藻制造的。

个头儿小

100个原绿球藻首尾相接才能达到人类一根发丝的直径。

数量庞大

原绿球藻是地球上数量最庞大的生命体之一，大约有3×10^{27}个那么多。那可是3后面跟着27个零呢！

3,000,000,000,000,000,000,000,000,000

地球上的氧气

30%的氧气来自树木、草、灌木和其他植物。

20%的氧气由原绿球藻产生。

50%的氧气由海洋中的其他植物产生。

原绿球藻通过光合作用产生氧气。

它吸收太阳的光能……

将二氧化碳和水转化为生长需要的化学物质。

在这个过程中可以产生氧气，并将氧气释放到海洋和大气中。

15 1866年运茶竞速赛中的赢家，

其实也输了比赛。

从19世纪40年代开始，被称为运茶帆船的快速帆船投入使用，将中国的茶叶运送到英国。每个季节最早抵达英国的一批茶叶最值钱，所以运茶帆船彼此竞赛，争相将茶叶运送到伦敦。赢家不仅能将茶叶卖出最好的价格，还能得到一笔奖金。直到1866年，出现了一个令人意外的结果。

5月28日，五艘运茶帆船从福州的港口出发，几个小时后它们分开行驶。

羚羊号 ......

太平号 ......

这些船向着伦敦全速航行，每艘船都满载着能泡出2.4亿杯茶的茶叶。

16 未来的船，

可能和过去的船很像。

在19世纪70年代，人们制造出装有蒸汽发动机和螺旋桨推进器的新型船舶，帆船时代似乎就要终结了。但是在以蒸汽机为动力的轮船称霸海洋的100多年里，工程师们不断设计新型船只，其中一些仍然使用了传统帆船上的风帆。

19世纪40至80年代：运茶帆船
- 窄船体和尖船头易于冲破风浪
- 一排三根船桅
- 可以挂超过30张帆

19世纪70年代至20世纪40年代：蒸汽货船
- 细长的钢制船体和圆钝的船头
- 装有螺旋桨推进器和蒸汽发动机

速度慢

空间小

99天的航程中，这些帆船没有停靠任何港口。世界各地的媒体都密切关注着这场声势浩大的比赛。

最后，五艘船中的两艘在前后相差几分钟的时间里分别到达了伦敦。它们同意平分冠军奖金。

但事实是，在运茶竞速赛开始的几天后，一艘叫作"SS精灵王"的船也载着茶叶离开了福州的港口。

这艘船安装了蒸汽动力推进器来协助航行，因此在同样的航程中，它比其他运茶帆船提前15天到达伦敦。

自此之后，运茶竞速赛的奖励机制被取消。不久，蒸汽机船就完全取代了传统的帆船。

污染大

20世纪40年代至今：集装箱货船
· 宽宽的钢制船体和圆形船头
· 一排起重机用于装卸粮食、煤炭等货物
· 发动机使用的廉价柴油燃料会污染海水和空气

很多工程师都想找到一种清洁的燃料，也有一些工程师想设计出新型轮船，使风帆和发动机相互配合，以减少燃料的消耗。

不久的将来：带帆货船
· 窄船体和尖船头
· 可用电脑操控的，形状像飞机机翼一样的硬质风帆
· 船体变小，航行速度变慢，但更环保

17 海洋形成之初,

海水并不是咸的。

38亿年前,地球上的海洋刚刚形成的时候,海水原本是淡水。
如果不是因为雨水,海水可能就不会变咸。

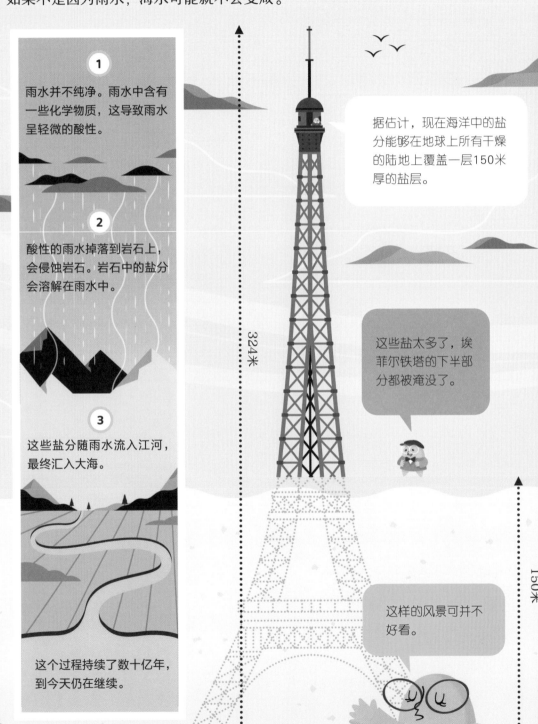

1
雨水并不纯净。雨水中含有一些化学物质,这导致雨水呈轻微的酸性。

2
酸性的雨水掉落到岩石上,会侵蚀岩石。岩石中的盐分会溶解在雨水中。

3
这些盐分随雨水流入江河,最终汇入大海。

这个过程持续了数十亿年,到今天仍在继续。

据估计,现在海洋中的盐分能够在地球上所有干燥的陆地上覆盖一层150米厚的盐层。

这些盐太多了,埃菲尔铁塔的下半部分都被淹没了。

这样的风景可并不好看。

324米

150米

18 女人在船上会带来厄运，

除非她即将生下孩子。

在过去，欧洲的船员持有一种矛盾又迷信的观念。他们既认为在航行过程中有婴儿诞生是幸运的征兆，又认为让女人跟随出行会让行程充满风险。

会带来风险的事

女人

穿死者穿过的衣服

剪头发
剪指甲

穿黑色的衣服

射杀海鸥
或信天翁

吹口哨

19 太平洋各洋流的终点……

总会有一个垃圾带。

海洋中常年大规模地朝着一定方向流动的水叫作洋流。跟着这些进入北太平洋的塑料垃圾，看看洋流会将它们带去哪里。

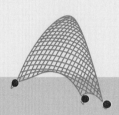

从加利福尼亚的一艘游船上扔下来的水瓶

危地马拉海域的船丢弃的渔网

在日本海域丢弃的渔具

遗弃在墨西哥湾海域的储物箱

被卷入夏威夷海域的塑料袋

加利福尼亚寒流

赤道逆流

黑潮暖流

北赤道暖流

北太平洋暖流

再循环工厂

塑料垃圾几乎很难到达它们应该到达的地方——再循环工厂。

这些洋流湍急，垃圾无法自由漂流，大部分都被水流裹挟卷进漩涡中心，组成一大团。

垃圾填埋场

只有很少的垃圾能够进入垃圾填埋场。

冲到岸上

一部分垃圾会被冲到大陆或岛屿的海滩上。

太平洋垃圾带

几乎所有垃圾都被冲到了"太平洋垃圾带"。这是一个巨大的漂浮垃圾堆，面积是法国国土面积的三倍。还有四个类似的垃圾带存在于全球的大洋中。

20 寄居蟹不仅有房子，

还有专门的保镖。

寄居蟹居住在废弃的螺壳中。为了保障安全，有一种寄居蟹会将一只或者几只海葵放在螺壳上，当作保镖。无论走到哪里，都会带着海葵。

当一只寄居蟹的身体长得比它居住的壳大时……

1 它需要先搬到一个更大的壳里。

2 再把旧"房子"上的海葵取下来……

3 安在新"房子"上。

海葵长着带刺的触手，可以给捕食者发出危险信号，阻止它们进攻，这样就能保障寄居蟹的安全。

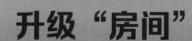

升级"房间"

海葵也能从寄居蟹身上获得益处。它们依靠寄居蟹在海底四处移动，从而获得更多食物，还能从寄居蟹吃剩下的食物中获得一些"零食"。这种双方都受益的关系被称为共生关系。

21 海岸线在发光，

是因为一些摇摆的生物。

一些海湾地区和海岸地带生活着一种叫作鞭毛藻的微小浮游生物。鞭毛藻可以发光，它们聚集在一起就会让夜空下的海水发出亮光。

鞭毛藻是海洋中的一种单细胞生物，具有生物性发光能力，也就是说自身可以发光。

鞭毛藻体内含有一种叫作荧光素的化学物质，这让它们能够发出短暂但明亮的光。

鞭毛藻在受到外界刺激时就会发出光，所以在海浪撞击海岸时，或者是当人们搅动海水时，它们发出的光最明亮。

科学家们不能确切解释这一现象为什么会发生，他们猜测其中一个原因可能是为了吓退捕食者。

如果北冰洋的水可以装满一个小茶杯，

那么太平洋的水就能装满一个大桶。

宽广的太平洋几乎容纳了地球上近一半的海水。全球最小的大洋是北冰洋。地球上四大洋的比例关系可以用下面的容器粗略地表示出来。

地球

太平洋

约占地球海水总量的52.8%。

大西洋

约占地球海水总量的24.6%。

印度洋

约占地球海水总量的21.3%。

北冰洋

约占地球海水总量的1.3%。

23 木卫三的地表下,

隐藏着相当于太平洋50倍的水量。

地球并不是我们所知的最湿润的星球。木星最大的卫星——木卫三,虽然比地球小很多,但是在其覆盖着岩石和冰层的地表之下,科学家们探测到了一片令人难以置信的巨大海洋。

木卫三

科学家们还不能确定木卫三地表下大洋真实的大小,但其水量非常接近太平洋海洋水量的50倍。

木卫三上海洋总水量估计:

345亿立方千米

这一页都画不下木卫三的水量呢!

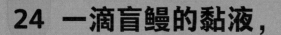

24 一滴盲鳗的黏液，

能够阻止鲨鱼的进攻。

盲鳗是一种没有骨骼，没有视力，形似鳗鱼的海洋生物，它们以沉积在海底的生物的尸体为食。盲鳗有一个抵御天敌的法宝——黏液。

当它们被捕食者攻击时，比如鲨鱼或其他大型鱼类，盲鳗身体两侧的黏液孔会分泌出黏性物质。

在水下，这些黏性物质会迅速地扩大至原体积的10,000倍……

然后变成一团黏稠的、滑溜溜的黏液，堵塞住捕食者的嘴、眼睛和鳃。

如果盲鳗需要清理掉身上的黏液，它们会先将自己的身体打成一个结，然后将这个结从身体的一端滑向另一端，从而将黏液挤下去。

25 一些人认为的海盗,

也可能在另一些人眼中并非如此。

海盗一般被认为是在海上抢劫商船,为非作歹的强盗。但实际上,
历史上有一些海盗和一般的水手没有太大区别。

了解海盗

17世纪水手行动指南

海上活动也要讲规矩。谨记:海盗、私掠者、海贼之间的区别在于他们首选的"猎物"。

来看看三者之间的区别吧!

猖狂的海盗

首选"猎物":任何值得洗劫的船只

活动范围:世界各地的海域

季节:全年

旗帜:黑色

他们会袭击和洗劫任何船只,所以在世界范围内都被认为是罪犯。

特殊的私掠者

首选"猎物":别国敌人

活动范围:加勒比海域

季节:仅出现于战争时期

旗帜:本国国旗

他们是在战争时期一国国王或女王授权袭击和洗劫敌国船只的海盗,在他们的国家被认为是"合法海盗"。

凶猛的海贼

首选"猎物":战争时期的任何人,包括你

活动范围:大西洋,加勒比海域尤其猖獗

季节:仅出现于战争时期

旗帜:敌国国旗

这些人也叫作强盗,他们可以被一个国家雇用,用于追逐敌军。

26 一名优秀的冲浪者，

除了要具备高超的技术，还要有良好的礼仪。

冲浪胜地一般十分拥挤，因此世界各地的冲浪者遵守着一些不成文的规则，以此确保每个冲浪者的行为文明且安全，从而让大家平等地享受冲浪的快乐。

冲浪者们会在等浪区排队冲浪。

规则1：不要蛇行冲浪

蛇行冲浪是指在轮到你冲浪前，绕过其他人冲上浪头。

规则2：不要冒进

当其他冲浪者已经有冲浪优先权时，不要试图再冲进浪中。

这个冲浪者是最接近浪峰的，她有冲浪的优先权，其他人不能再冲进这个属于她的浪头。

这个冲浪者就违反了规则。

规则3：不要穿过其他人正在冲浪的区域

为了避免发生碰撞事故，在返回等浪区时，应当绕开他人正在冲浪的区域。

规则4：牢牢抓住冲浪板

如果不小心松开冲浪板，冲浪板可能会随海浪翻滚，伤及他人。

规则5：尊重当地人

每一个冲浪地都有传统和习俗，初来者应当花时间去与当地人沟通并了解这些。

嗨，我是新来的。今天的浪怎么样？

冲浪者会说他们之间才能明白的行话。

哥们儿，最后那一把太悬了。我差点歪爆。

那个小孩右脚在前，来了一个反手浪。她太厉害了！

其实，他们说的意思是……

最后一组浪非常大而且冲劲十足。我差点从冲浪板上摔下来，被浪拍晕。

那个小孩右脚在前站在冲浪板上，向右手冲浪。她太厉害了！

牡蛎没有耳朵，

但是也可以"听"到声音。

牡蛎壳内有细小的绒毛，外界的声音可以引起它们振动。所以牡蛎即使没有耳朵，也能"听"到声音。但现在，海洋中充斥着人类制造的噪声，海浪的声音、海洋动物发出的声音已逐渐被淹没。

货船的发动机和螺旋桨发出的噪声震耳欲聋。在海水中能传播至数十千米远。这种噪声对所有海洋生物——从体形巨大的鲸到小小的牡蛎，都会造成伤害。牡蛎通常会稍微打开它们的壳来呼吸和进食，但是当它们听到货船发出的强烈噪声时，就会紧紧闭上壳。

这对牡蛎和海洋环境都会造成伤害。因为牡蛎可以吸入并过滤海水，帮助保持海洋清洁，而噪声会让它们紧紧地闭上壳。幸运的是，有一种方法能够减少货船的噪声污染，那就是减缓行驶速度。

28 海底的沉船、炸弹、火山……

"阿尔文号"都遇到过。

"阿尔文号"是一艘下潜深度超过4,500米的深海载人潜水器。自1965年建造完成后,"阿尔文号"已经进行了很多次探险,直到今天仍然在进行着。

1966年
"阿尔文号"帮助找到了一枚掉进西班牙附近海域的尚未引爆的氢弹。

1968年
由于缆绳断裂,"阿尔文号"沉没于海底。幸好……

船员从里面逃了出来。

10个月后,"阿尔文号"在大西洋的海床上被发现并得以修复。

1984年
"阿尔文号"在墨西哥湾冰冷、没有光线的海底发现了活着的生命。

1979年
"阿尔文号"在太平洋海域发现了深海火山和海底热液形成的黑烟囱。

1986年
"阿尔文号"携带一台叫作"小杰森"的小机器人在北大西洋海域第一次拍摄到了"泰坦尼克号"沉船的细节照片。

2018年
经过多次升级,"阿尔文号"在加利福尼亚海湾完成了它的第5,000次潜水任务。

29 最大的货轮……

可以装载9亿本这本书。

世界上十分之九的货物都是通过轮船
来运输的，这些货物通常需要装在大
大的钢铁集装箱中。

一个标准的20GP（20英
尺）的集装箱长6.1米，宽
2.44米，高2.59米。

同一时段内，约有600万个
这样的集装箱在海上运输。

30 世界上最高的山……

是从海底长出来的。

世界上最高的山峰——珠穆朗玛峰，是由一种叫作海相灰岩的岩石构成的，这种
岩石是构成坚硬海床的一部分，这表明了地球上的最高点曾位于海底。

5亿年前，在一片温暖的浅
海，一个微小的生命体大胆
畅想着……

过了一段时间，陆地发生滑
坡，土壤覆盖了这片海域和
生活在其中的生物。

随着时间流逝，矿物质沉到
海床上，并填充进生物遗骸
的孔隙中，它们逐渐变成了
化石。

一些大型的货轮，可以装载21,000个集装箱。

这样吨位的货轮可以容纳约42,000辆汽车、500,000台冰箱，或是174,300,000盒盒装早餐麦片。

这片海床位于两大板块的交界处。板块运动使得这两个板块持续不断地挤压碰撞。

轰隆隆！

嘎嘣！

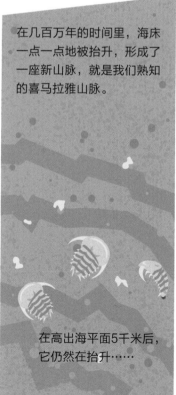

在几百万年的时间里，海床一点一点地被抬升，形成了一座新山脉，就是我们熟知的喜马拉雅山脉。

在高出海平面5千米后，它仍然在抬升……

所以梦想是要有的，万一哪天就成真了呢！

珠穆朗玛峰

现在，喜马拉雅山还在继续抬升。

到处散落着尸骨和船只残骸。

非洲纳米比亚沿海海域是世界上最危险的海域之一。这里被称为"骷髅海岸"，因为纳米比亚海域的地形十分复杂，经常有遇难船只的残骸和各种生物的骷髅被冲上海岸。

海岸附近，难以预测流向的洋流和冰冷的海水会扰乱船只的导航系统……

浓密的水雾笼罩着海面，使得礁石区等危险地不容易被发现。

强风从海洋吹向陆地，将船只向浅水区和海岸推去。

由于海浪持续且猛烈地拍打着海岸，任何救生艇或救生筏都无法从岸上驶出。

1,000多艘沉船的残骸和数不清的生物骸骼混杂在沙砾中。

岸上是贫瘠的沙漠和沼泽，几乎毫无逃生的希望。

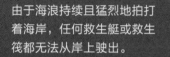

32 藏在地图里的……

奇闻怪谈。

在过去的几个世纪，地图的绘制者会在地图上画一些图标，其中一些图标代表安全、危险或有未知生物等信息。随着时间流逝，人们对海洋的认知不断增加，这些图标和它们代表的意义也在不断变化。

海蛇：没有人知道这里有什么，但可能非常危险。

在17世纪以前，地图上有很多海怪的图标，它们都是绘图者根据一些传说或水手们讲述的恐怖故事而画出的。下面是一些常见的图标……

巨型章鱼：据说这里发生过巨型章鱼将水手拉下船的事故。地图绘制者喜欢将这种海洋生物画成龙虾的样子。

鲸：这里曾出现过鲸。这些巨大的怪物会将船拖入深海，然后吃掉船上的人。

其他海洋生物：在陆地上有鸡、猪、牛等动物，在海洋中可能也存在这些动物的水中版本。

美人鱼：这片海域看起来风平浪静，十分安全，但是表面现象可能具有欺骗性——任何地方都有潜在的危险。

有时，图标也可以表示某个区域是否安全。

半人马鱼：一部分是鱼，一部分是马，一部分是人。表示这是一片开阔的海域，在这里不会遇到任何麻烦。

随着科学的发展和人们认知水平的提高，画着海怪的图标逐渐在地图上消失了。
现在的地图上仍然画有图标，但是这些图标代表的意义和过去有很大不同。

鲸：现在这个图标表示这里是一个绝佳的捕鱼地点。

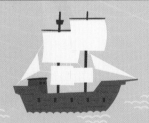

帆船：它仅仅是一个精美的装饰图案。

骑着海怪的国王：声明这片海域的所属权——这里有一个实力强大的王国，能够驾驭海浪，避免海难发生。

33 大海有许许多多……

稀奇古怪的名字。

几千年以前，对于生活在斯堪的纳维亚半岛的人们来说，大海是生活中非常重要的一部分。因此，古老的北欧诗歌中有超过200种表达大海的方式。

34 打折的海鲜食品,

的确很值得怀疑。

在欧美国家中,存在一种"海鲜欺诈"的犯罪行为,就是将一种鱼伪造成另外一种。这一犯罪行为十分普遍,最新调查研究表明,市场上高达30%的海鲜都与其标签上显示的内容不符。

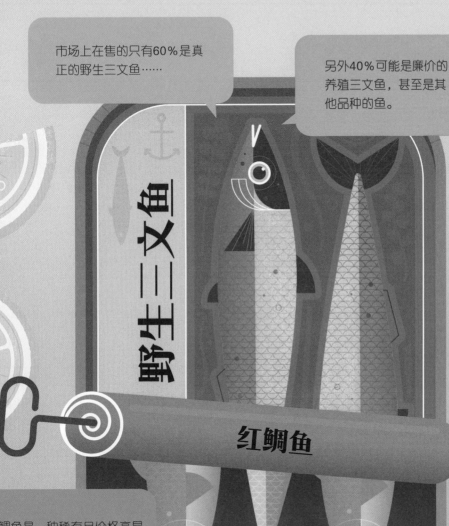

市场上在售的只有60%是真正的野生三文鱼……

另外40%可能是廉价的养殖三文鱼,甚至是其他品种的鱼。

野生三文鱼

红鲷鱼

红鲷鱼是一种稀有且价格高昂的鱼,市场上大约只有10%的红鲷鱼是真的……

另外90%可能是用岩鱼、罗非鱼,或其他辐鳍鱼来冒充的。

世界各地的海洋组织都希望通过检测和认证等方式来打击并杜绝"海鲜欺诈"的犯罪行为。

35 在海藻森林中，

海獭扮演着和平使者的角色。

巨藻是藻类王国中的一族，它们生长飞速，在阳光不充足的浅海海域也能形成巨型海藻森林。美国西海岸就有一片海藻森林，它们为成千上万的生物提供了食物和栖息地，但是这片海藻森林曾遭遇过毁灭性打击，直到一个意想不到的英雄前来拯救了它们……

美国西海岸海藻森林

这里曾是海洋生物的天堂，茂密的海藻森林为海洋生物提供了一个安逸舒适的庇护所。

我们海獭曾经掌管这块地盘。

海胆躲在暗处啃食海藻，但海胆又是海獭的美食，所以海藻森林中的物种维持着平衡关系。

糟糕的是，海獭猎手出现了。

人类为了获取我们柔软的皮毛而疯狂猎杀我们。

截至1820年，人类已经摧毁了当地的海獭种群。

没有了海獭，海胆便控制了这片海藻森林。

这里从此变成了一片荒漠。

嘎嘣！

来吧，哥们儿！让我们征服这棵巨藻！

嘎嘣！

吃掉它！

直到20世纪初期，人类终于意识到自己的行为造成的恶果，并停止猎杀我们。

还有许多事要做呢！但是随着我们种群数量的恢复和增长，海藻森林也会逐渐恢复生机。

是一次试爆行动的代号。

20世纪四五十年代，美国在南太平洋海域中一个叫作比基尼岛的小岛上进行了多次核武器试爆。其中一次试爆行动的代号为"喝彩城堡"，这次大爆炸的威力震天动地。

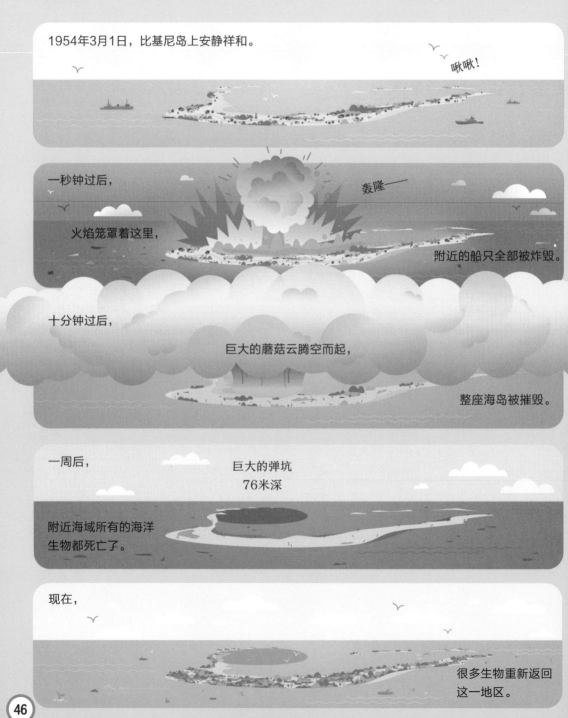

1954年3月1日，比基尼岛上安静祥和。

啾啾！

一秒钟过后，

轰隆——

火焰笼罩着这里，

附近的船只全部被炸毁。

十分钟过后，

巨大的蘑菇云腾空而起，

整座海岛被摧毁。

一周后，

巨大的弹坑
76米深

附近海域所有的海洋生物都死亡了。

现在，

很多生物重新返回这一地区。

37 在可怕的海岛上，

生活着大量基因突变的大螃蟹。

在比基尼岛爆炸的炸弹是氢弹，氢弹属于核武器的一种，爆炸后会对环境产生严重的放射性污染。所以直到今天，人们都无法在这座岛及周边海岛安全地活动。

在20世纪四五十年代，居住在比基尼岛和周边海岛的人们被疏散走，他们至今仍然不能回去。

虽然氢弹毁灭了一切，但在过去的50年间，珊瑚礁又重新开始形成，生物们想方设法存活了下来，而且数量繁盛。

附近海域有大量基因突变的鱼类、珊瑚虫和螃蟹等生物。这些生物和岛上的椰子树都依靠受到污染的食物、水、土壤生存了下来。

其实，这里有如此繁盛的生物，得益于周围没有人类的干扰和捕食。

38 在看见海岛之前，

你就能感觉到它的存在。

波利尼西亚群岛是太平洋三大岛群之一，由众多岛屿组成。数千年以来，生活在这些岛上的人们从未停止探索，他们穿越大洋进行漫长的航行。除了依靠太阳和星星的位置来判断航向，他们还会通过其他途径判断方向，比如天空中飞翔的鸟儿、飘着的云朵以及海洋中的波浪等。

即使没有现代的罗盘、航海图和卫星定位系统，领航员们也能够穿越几千千米的大洋，找到从一个海岛到达另一个海岛的正确航线。

他们是怎么做到的呢？

① 通过熟记星星的位置

领航员们通过星星位置的变化判断方向。他们熟知每颗星星的位置以及移动方向，从中就能判断出航行的方向。

② 通过太阳定位

太阳从东边升起，从西边落下。

③ 通过观察云朵

低空的云朵能够反射出视线之外的海岛的景象。

看上去呈绿色的云是一座森林密布的海岛反射出的景象。

大团静止的高耸云朵是由海岛上方不断上升的热气产生的。

④ 通过感受水流波浪

涌浪流向海岛时，会绕过海岛或被弹开，这使得水流产生明显的运动走向。即使在距海岛50千米之外，领航员们也能够感受到波浪的变化。

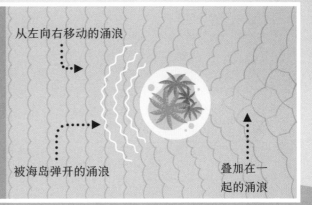

从左向右移动的涌浪

被海岛弹开的涌浪

叠加在一起的涌浪

⑤ 通过数鳍片

越靠近海岛，鲨鱼、海豚等海洋生物的数量就越多。

⑥ 通过观察鸟儿

一些鸟类，如燕鸥，会在捕食了一天后返回陆地，它们的飞行方向能够指示到达附近海岛的路线。

⑦ 通过观察猪

在漫长的航行中，船员们通常会在船上搭载牲畜。猪的嗅觉十分敏锐，它们闻到海岛的气味时，会将鼻子朝向海岛的方向。

39 海底的高山和沟壑……

是在陆地上被发现的。

几个世纪以来，人们都认为海底是一个平坦、泥泞的平原。但在20世纪50年代，科学家玛丽·萨普发现海底也有高山、沟壑，崎岖不平，而这些都是在陆地上探测出来的。

萨普是一名地质学家，她和一些科学家组成团队一起研究大洋的海底。

这个研究团队曾经乘考察船到全球数千个观测点进行大洋水深测量，但是……

由于不允许女性上船，萨普并没有随考察团进行实地考察。

她在纽约的办公室中对团队成员收集的数据进行研究，并将其绘制成图。这些图显示出一些让人意外的海洋地质构造，比如在大西洋的中部，有一条巨大的海底山脉。

13442英尺 13440英尺
13435英尺 13418英尺
13400英尺 13399英尺
13432英尺 13439英尺
13451英尺 13457英尺

萨普是第一个发现地球上有两个地壳板块正在缓慢分离的科学家。

她的研究证明了地球是由可以移动的板块构成的。

40 航天探测器发现了……

没有水的大海和没有沙子的海滩。

航天探测器在飞越土卫六（环绕土星运行的一颗卫星，是土星卫星中最大的一颗）时，发现了河流、湖泊，甚至海洋。事实上，与其他已发现的天体相比，土卫六是与地球最相似的天体，不过它的海洋不是由水构成的。

不同点

雪是由水分子凝结成的小冰晶组成的。

雪是由苯这种化学物质构成的。

大海是由液态的咸水构成的。

大海是由液态的乙烷和甲烷构成的。

海滩是由沙砾构成的。

海滩是由冰冻的乙烷颗粒构成的。

苯、乙烷和甲烷都是由氢和碳构成的化学物质，易燃，它们通常被用作汽车和其他机械的燃料。

大小不同，形状各异。

你能想到的最危险的海洋生物是什么？大白鲨？杀人鲸？还是其他体形微小的生物？一些居住在珊瑚礁中的生物具备的技能令人惊奇，也十分致命，你可以把它们的这些能力称为超能力。

蓝环章鱼

- 攻击时分泌出的毒液能同时杀死26个人
- 皮肤能够根据周围环境的变化随时伪装
- 当受到威胁时，蓝色的环会发光以震慑敌人
- 在水中游动的速度像喷气式飞机一样

毒性

王牌本领

擅长偷袭（很难觉察被它们咬了）

最大弱点

体形小：12—20厘米

蓝灰扁尾海蛇

- 蓝灰相间的环圈有震慑力，可以吓退捕食者
- 在海里和陆地上都能活动
- 桨状尾巴使其能够迅速游动
- 咬伤力惊人

毒性

王牌本领

总能找到回家的路

最大弱点

常常被渔网缠住

蓑鲉

- 鲜艳的花纹和鬃毛状骨刺可以警告进攻者——别惹我！
- 骨刺有毒
- 攻击性强

毒性

● ● ●

王牌本领

吞咽速度快（能将猎物一口吞下）

最大弱点

味道鲜美，成为人类餐桌上的美食

在明亮的海湾里，
在幽暗的珊瑚礁中，
我们是本领
超强的王者！

锥形蜗牛

- 厚厚的壳保护柔软的身体
- 捕猎时会把身体埋在沙子里，暗中发起攻击
- 隐藏在锥形尖端的毒牙可以瞬间把毒液注射进攻击者体内
- 世界上毒性最强的动物之一，而且目前没有解毒剂

毒性

王牌本领

超强嗅觉可以探测到猎物

最大弱点

不能迅速移动

海洋中的塑料碎片……

比银河系的星星还要多。

太阳系是银河系的一部分，银河系看上去就像一个巨大的旋转的飞盘，包含了1,000亿—4,000亿颗大小恒星和无数星云、星团，数量相当庞大。

但是地球上海洋中的塑料垃圾碎片，其数量要远远超过银河系的星星，多达数万亿。

这些塑料垃圾能够存在数百年而不降解，并缓慢地向海水释放化学物质，毒害误吞下它们的海洋生物。

这些塑料垃圾中大多数都是微塑料，即直径小于5毫米的塑料碎片。微塑料是大型塑料垃圾在分解过程中产生的。

微塑料十分微小，就像我们在地球上看到的夜空中的星星。

由于数量庞大，我们无法将它们清理干净，唯一能做的就是减少使用塑料制品。

43 生活中遍布着……

海藻的踪迹。

做寿司的海苔、凉拌菜中的海带等都属于海藻，人们食用海藻已经有几千年的历史了。事实上，我们将海藻加工后，添加进了几乎所有的物品中，在很多意想不到的地方都有它们的身影。

番茄酱

口红

海藻含有琼脂、海藻酸和卡拉胶等物质，它们被萃取出来后，可以加入许多产品中。比如——

酸奶

发泡奶油

牙膏

从海藻中萃取出的物质是一种纯天然的增稠剂和凝固剂，

豆奶杏仁奶

调味汁

巧克力牛奶

药品

蛋黄酱

沙拉酱

能够防止牛奶和巧克力分层，

颜料

能够让冰激凌更丝滑，

鸡块

宠物食品

冷冻肉类和鱼

润肤露

蛋糕

罐头汤

能够防止油性鱼类变质。

点心的馅料

纸

44 "幽灵渔网"……

正在谋杀海洋生物。

丢进或遗失在海洋中的渔网被称为"幽灵渔网"。一张"幽灵渔网"可以在海洋中漂荡数年之久，它们会缠住甚至杀死千千万万的鱼类和其他海洋生物。

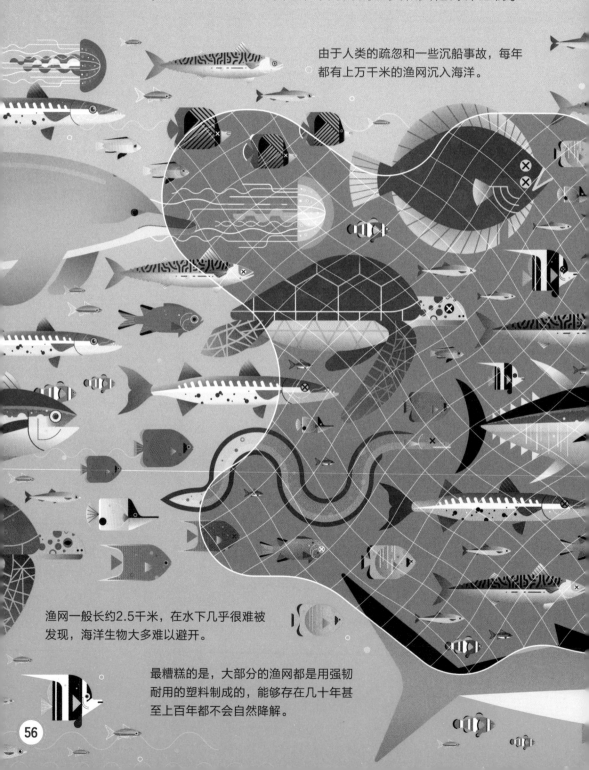

由于人类的疏忽和一些沉船事故，每年都有上万千米的渔网沉入海洋。

渔网一般长约2.5千米，在水下几乎很难被发现，海洋生物大多难以避开。

最糟糕的是，大部分的渔网都是用强韧耐用的塑料制成的，能够存在几十年甚至上百年都不会自然降解。

45 恐怖的海洋死亡区……

正变得越来越多。

海洋死亡区是指缺氧的海洋区域，很少有生物能够在那里存活。这些死亡区可能是自然形成的，但是由于人类不合理的活动导致海洋污染，死亡区正在迅速扩大、增加，最大的死亡区甚至能覆盖几万平方千米。

农民常常使用一些富含磷和氮的化学肥料来促进农作物生长。

当水流经农田，一部分化学物质会溶解在其中，并随水最终汇入大海。

流入海洋中的化学物质导致藻类疯狂繁殖和生长，它们像绿色的油污一样覆盖在海水的表层。

藻类死亡后，它们会沉入海底然后腐烂被分解。这个过程中会吸收水中的氧气，导致其他海洋生物因缺氧而无法生存。

46 长寿的秘诀是……

拥有良好的友谊。

小丑鱼和海葵是友好相处的朋友。它们共同栖息在珊瑚礁中，并且通过不同的方式互相帮助，互惠互利。

我们会拣食海葵吃剩的食物，为海葵除去寄生虫，协助它们清理身体。

我们四处游动时会带动海葵附近的海水流动，为海葵吸引来更多的猎物；而且我们的粪便也能给海葵提供营养。

海葵带刺的触手能够保护我们躲避敌人的袭击。我们的身体可以分泌湿滑的液体，避免了被海葵蜇伤。

如果以海葵为食的蝶鱼游到附近，我们还会帮助海葵赶走它们！

科学家将小丑鱼和海葵之间这种互惠互利的关系称为共生关系。

与海葵一起生活让小丑鱼的寿命可长达20多年——这是其他类似大小的鱼类寿命的4倍。

47 墨西哥湾的"死亡之池",

凡进入者无一生还。

海洋观察报

科学家发现了深海"浴缸"
能够杀死任何敢去泡澡的生物

在墨西哥湾,海面以下1,000米的深处,有一个含盐量超高、含氧量极低的盐卤池,它被称为"死亡之池"。

在这片温暖但是暗藏杀机的盐卤池中,深陷其中的生物痛苦地拍动着它们的爪子,扇动着它们的鳍……

一些贝类生活在这片池子周围。

一群居住在池边的贝类说:"水中随处可见死了很久的螃蟹和鱼,那里暗藏杀机,掉进去的生物必死无疑。"

虽然十分危险,但是水中的某些物质一直持续吸引着海洋生物来此冒险。

 什么是盐卤池?

随着海床移动,古老的盐岩从海底一些区域涌出,向周围的海水提供大量盐分,从而形成盐卤池。

因为比周围海水的盐度高,这部分海水的密度会偏大,所以会沉在普通海水下面。

盐卤池几乎没有氧气,含有超高浓度的盐以及大量的甲烷,这使得大部分的生物无法在此存活。

对于这一危险的自然现象,唯一的应对办法是——不要靠近!

48 红树林就像海岸的……

警卫和清洁工。

海洋观察报招聘专栏

给柠檬鲨宝宝和其他鱼宝宝寻找托儿所。需要确保环境洁净且安全，让宝宝快乐学习，健康成长。

你想为地球做些什么吗？

职位需求：清洁工，负责过滤海水，并且阻止垃圾扩散。

一起保护我们的海洋吧！

职位需求：海岸警卫，负责保护和稳固海岸线。

注意：全年无休

职位需求：保安，负责抵御大型海浪，减少洪灾。

一些热带生物正在寻找栖息地，你能为它们提供生存空间吗？

螃蟹

蜻蜓

水獭

海龟

猴子

鳄鱼

您好：

　　我是红树林中的一棵红树，我可以胜任以上列出的所有工作。

　　我生长在热带、亚热带海岸及河口潮间带，我能做很多事，比如：

红树

- 我的根系非常繁茂，能够给很多生物提供庇护，成为它们赖以生存的家园。
- 我的根系还能够截住塑料垃圾，阻止它们流入海洋。
- 我能够清洁并过滤海水。
- 我的根系能够稳固海岸，保护海岸不被风浪侵蚀。
- 我的枝叶、果实和花朵都能为生物提供栖息地。

晚上，鹦嘴鱼会······

穿着"连体睡衣"睡觉。

当夜晚来临，在世界各地的珊瑚礁中，一种叫作鹦嘴鱼的热带鱼类会慢慢地将自己包裹在由自身黏液形成的"连体睡衣"中。它们将自己从头到尾包好，确保安全后，便会安然入睡。

鹦嘴鱼最大的天敌是海鳗，而海鳗一般在晚上捕食。

海鳗的视力有限，因此它们需要依靠嗅觉来追踪猎物。

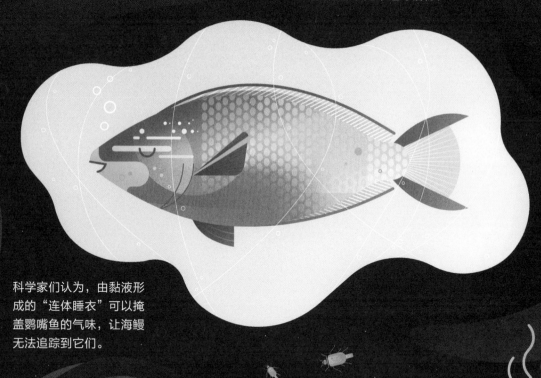

科学家们认为，由黏液形成的"连体睡衣"可以掩盖鹦嘴鱼的气味，让海鳗无法追踪到它们。

黏液同样也能够阻挡那些会打扰鹦嘴鱼睡觉的小生物和寄生虫。

50 "幽灵岛"……

只存在于图纸上。

长期以来,航海图上都画着一些"幽灵岛",但实际上它们并不存在。这些岛屿被过去的探险家们标记在地图上,之后被证实并不存在。过去的探险家们为什么会认为他们发现了新岛屿呢?因为在茫茫大海上,破碎的波浪、灯光的虚影、漂浮的碎片……从船的甲板上眺望,它们看起来都像是陆地的轮廓。

快看,这里有好多岛屿环绕着我们。

可我只看到了海水!

海洋无边无际,人们无法找到每一个岛屿并核实它们是否存在。所以,"幽灵岛"通常就被机械地从一幅地图复制到了另一幅地图上,其中一些错误直到数百年后才得以更正。

这幅地图中

其实没有干燥的土地。

5 萨克森堡岛

6 克罗克岛

你看到周围的岛了吗？可卫星导航说前方没有阻碍……

7 桑迪岛

这幅地图是编造的，但是这些岛屿的名字真实存在。虽然这些岛屿在现实中并没有被找到，但在过去的400年里，人们一直认为它们存在。

这些岛屿可能只是……

①一座冰山 ②一团若隐若现的雾 ③沉入水下的沙岸 ④视觉错误 ⑤短暂存在的岛屿——这座岛屿可能原本存在，但是后来由于火山喷发被摧毁了 ⑥一个谎言——追求功名和财富的探险家杜撰出的 ⑦漂浮的火山岩

事实上，直到2012年，桑迪岛在一些地图中仍然被当作岛屿标记了出来。

51 远古海洋的秘密，

可以在鱼拓中发现。

数百年来，日本的渔民会给捕获的鱼涂上墨汁，拓印在白纸上，这被称为鱼拓。
鱼拓不仅是一种珍贵的艺术形式，也为科学家研究鱼类提供了很多信息。

渔民制作鱼拓是为了庆祝
首次捕捞，或是炫耀捕获
的大鱼……

也有渔民认为这就
是一种艺术创作。

制作鱼拓，首先要在一条新鲜捕捞
的鱼上涂满墨水等颜料，然后小心
地拿一张纸在上面按压。

这样可以把鱼的实际形状、
大小，以及鳞和鳍的形态全
部印下来。

印完后，渔民会将鱼上的墨水
洗掉，然后将它做成菜肴。

渔民通常也会记录下这条鱼是在
何时何地被捕捞的。

一些科学家将鱼拓作为数十年前甚至数百年前，人类捕捞鱼类的参考
资料。这些资料能帮助他们认识海洋从过去到现在的变化。

52 长期潜在水里的船员，

可以在钢铁"沙滩"上野餐。

海军潜水艇通常会一次性在水下潜行好几个月，当需要补充食物等物资时才会浮出水面。但是有时候，潜水艇的舰长会同意潜水艇浮出水面，让船员们在甲板上野餐或者下海游泳以短暂放松。

厨师在甲板上做汉堡包，烤肉。

瞭望员监视周围的海域，以防有鲨鱼袭击。

在潜水艇里的生活十分紧张，而且单调无聊，所以这样的活动能够让船员们打起精神来。

53 在海底，夏季会……

"下雪"。

在海底，漆黑一片，冰冷无比，但是会有成千上万片白色"雪花"轻轻落下，慢慢地堆积。在许多海域，海底"下雪"是夏季来临的征兆。

海洋的"雪"是由海水表面的碎屑物质下沉形成的。

比如灰尘、沙砾、海洋生物的粪便和残骸……

其中很大一部分是浮游植物的残骸。这些浮游植物十分微小，生长在阳光充足的海水表面。

在很多海域，浮游植物在春季大量繁殖，在夏季逐渐死亡，海底就会出现"特大降雪"的景象。

54 最孤独的鲸······

唱着没人能听懂的歌。

从20世纪80年代起，科学家就开始在水下收集一头鲸的声音。
这头鲸的"歌声"与其他任何鲸的"歌声"都不同。

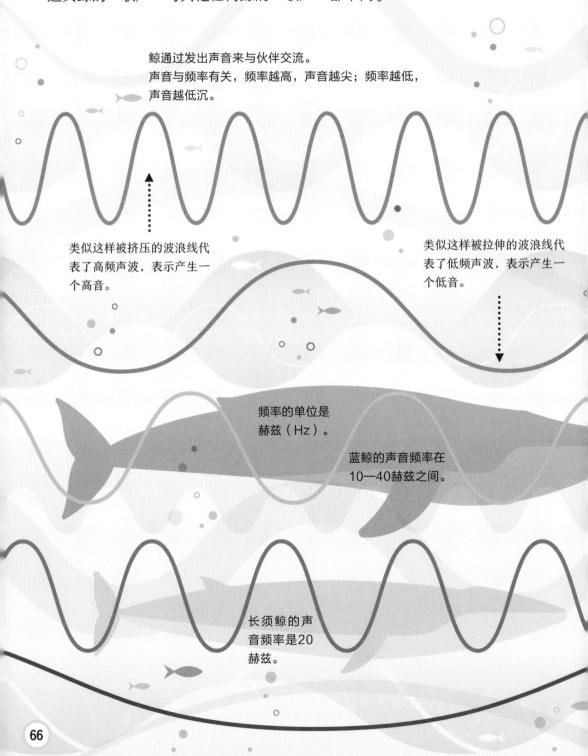

鲸通过发出声音来与伙伴交流。
声音与频率有关，频率越高，声音越尖；频率越低，
声音越低沉。

类似这样被挤压的波浪线代
表了高频声波，表示产生一
个高音。

类似这样被拉伸的波浪线代
表了低频声波，表示产生一
个低音。

频率的单位是
赫兹（Hz）。

蓝鲸的声音频率在
10—40赫兹之间。

长须鲸的声
音频率是20
赫兹。

但是这头鲸的声音频率是52赫兹，目前，任何一种已知物种都无法发出这个频率的声音，所以其他鲸听不到它的声音。

科学家们追踪这头"52赫兹鲸"已经有30多年了。实际上，它的声音频率一直在下降，现在大概是47赫兹，但其他鲸仍然不能与它交流。

直到现在，科学家们也无法确定它属于哪种鲸，也不知道它为何会发出这种声音。它可能是个聋子，也许独特的头部骨骼形状让它发出了这种声音。

55 海洋中的一声巨响……

是由一块巨大的海冰发出的。

1997年，研究人员通过水下麦克风听到了海洋发出的史上最大的声音。这个诡异又神秘的海洋怪声让科学家疑惑了很多年。

最初，科学家们认为这个声音来自一种巨型鲸类，或是一种巨大的章鱼。

"海洋怪声"的频率极低，人类的耳朵听不到。

海洋怪声

多年之后，在2005年，研究人员终于发现了声音的来源——它是一块巨大的冰山在海底破裂时产生的，这声巨响传播到了3,000千米之外的地方。

56 有些鲨鱼快150岁了，

但还是"小朋友"。

格陵兰睡鲨生活在北冰洋和北大西洋的冰冷海水中，它们的生长和老化速度无比缓慢，因此能够存活非常久。

几年以前，科学家发现了一头5米长的格陵兰睡鲨，科学家估计它的年龄已经超过400岁了。

57 海啸前进的速度远超过……

赛车和高铁的行驶速度。

海啸是一种巨大的海浪，通常是由海底地震、火山爆发等引起的。这种巨大的波浪可以以惊人的速度穿过数百千米的海洋到达陆地。

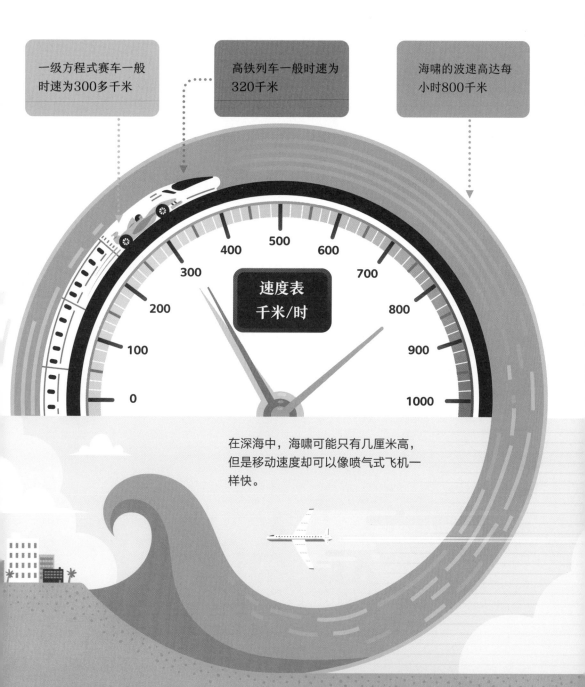

一级方程式赛车一般时速为300多千米

高铁列车一般时速为320千米

海啸的波速高达每小时800千米

速度表
千米/时

400 500 600
300 700
200 800
100 900
0 1000

在深海中，海啸可能只有几厘米高，但是移动速度却可以像喷气式飞机一样快。

当海啸到达海岸的浅水地带，海底大陆坡会将海浪向上推起。这个过程可以让海啸减速，但会形成巨大的海浪。

58 有人生活在……

海平面之下。

约有三分之一的荷兰人生活在海平面之下，他们在遍布着湖泊、河流和沼泽的土地上建造家园。荷兰靠近北海，由于地壳运动陆地下沉，以及气候变暖导致冰川融化，海平面上升，这里常常受到海潮侵蚀，洪灾是当地人要面对的致命威胁。

几百年来，荷兰人修建了发达的水路网和高高的防洪堤坝。这些设施有助于排水和阻挡海浪侵袭。

利用风车将水抽出，使低洼区免受积水影响。

海平面

（海的平均高度）

湖

59 低地之国，

荷兰的生存智慧。

全球变暖导致冰川融化，海平面上升，不停建造更高的堤坝已经不是抵御洪灾的好方法了。面对这个问题，荷兰人想出了一些有效措施。

极端的风暴天气很少见，但是一旦来临，风暴将会裹挟着海水越过堤坝和其他障碍物，造成洪灾。

漂浮的房子：建在用轻型材料搭建的地基之上，能够随着水位上升和下降。

北海

洪水……

水道

风车密切配合，每个风车都驱动一个扬水轮，扬水轮可以将水运送到高一级的水道中。

通过一级一级的水道呈阶梯式运送，低洼区积水就被抽送到了大海中。

类似的系统到今天仍然在被使用，但是由燃料或电力驱动的水泵已经代替了风车。

北海

水道

水道

扬水轮

在空地上建造"水广场"，它比周围的建筑物更低，呈下沉式。

当极端的风暴或洪水来袭，积水就可以被排入"水广场"，而不是淹没附近的建筑物。

在洪水容易汇聚的低地，荷兰人建起了很多具备海绵一样吸水功能的蓄水池和自然保护区。

荷兰人希望通过开辟更多排泄洪水的空间，来保护城市免受全球变暖带来的影响。

蓄水池

水广场

60 在新西兰南部的岛屿失事,

真是不幸中的万幸。

19世纪时,经常有船只在新西兰南部贫瘠、无人居住的岛屿附近失事。因此,当地政府在岛上设立了特殊的营地——海难幸存者补给站,为海难幸存者提供食物和住处,直到他们获得救援。

欢迎来到新西兰亚南极群岛

体验与众不同的海岛生活!

前往简易补给站居住

跟随指路牌找到海难幸存者补给站,那里有帮助你抵御风暴所需的物资。

海难幸存者补给站一直沿用到了20世纪20年代。之后，随着航海图和导航设备的发展，以及船只建造得更坚固、安全，海难事件减少了很多。

获取保暖设备

补给站存放着毛毯和为了避免被盗取而采用特殊形式编织的衣物。

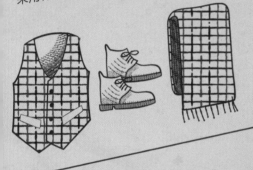

享受营养均衡的食物
菜单：

取养的猪、羊、牛（岛上有大量动物可以捕猎）

鲜的鱼（需要自己动手抓哟！）

量罐头食品（尤其是各种豆类）

尝试各种趣味活动

所有的补给站都配备猎枪、鱼钩和鱼线。

有些补给站还有小船，可用于娱乐消遣或去往周边的其他岛屿和补给站。

在下雨天，可以尝试动手制作象棋棋盘，或者在床板上刻下名字作为纪念。

停留时间不可超过6个月

不要贪恋岛上安逸的生活哟！

每年，外界会派轮船两次抵达各个补给站，更换其中的补给用品，并搭救落难者。

61 哥斯拉、魔斯拉、大脚怪……

不只存在于电影中，还藏在太平洋海底。

20世纪80年代，深海潜水艇在黑暗的海底拍摄到了冒着浓烟的"怪物"。科学家经过研究，认为它们是深海热液喷口，一种类似深海火山口的岩石构造，并从电影和传说中取材，为这些喷口取了各种有趣的名字。

这些喷口也叫作"黑烟囱"，喷涌而出的滚滚黑色浓烟和水，温度可以达到460℃，足以将铅这种金属物质熔化。

在冰冷的海水中，部分浓烟迅速冷却并附着到喷口上，使得喷口越来越高。

魔斯拉

哥斯拉

大脚怪

名为哥斯拉的喷口高度曾超过50米，后来它的大部分都沉入了海底。

不久后，它又开始重新增高，有时一年甚至能增高5米多。

62 管状蠕虫这种大型动物……

没有嘴和消化系统。

在这些极度高温又充满浓烟的热液喷口周围，研究人员发现了丰富的生命体。在这种恶劣的环境里，有一种生命体不以植物和动物为食，而是以喷口中喷出的硫化物为食，研究人员将这种生命体叫作管状蠕虫。

巨型管状蠕虫的红色肉头看上去像一朵红花，可以从海水中获取氧气。

管状蠕虫的体内没有消化器官，但是它们中空的白色管子里寄生着数百万的细菌。

红色肉头

白色管子

白色管子固定在热液喷口附近以获取硫化物，管子里的细菌能够将硫化物转化为管状蠕虫生长所需的营养物质。

最高的管状蠕虫伸展开的长度超过3米，几乎相当于两个成年人的身高加在一起。

对于海上落难的人来说，

最致命的威胁是口渴。

当在海上遇难，迷失在茫茫大海中时，人们将会面临三个重大威胁，其中人们通常以为最危险的威胁却最小。

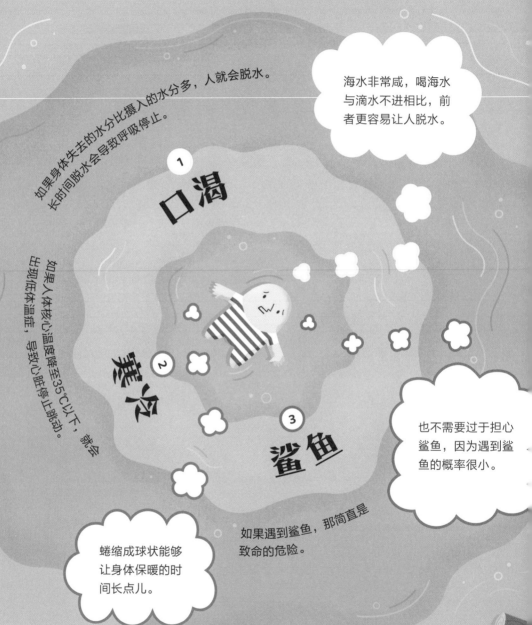

海水非常咸，喝海水与滴水不进相比，前者更容易让人脱水。

如果身体失去的水分比摄入的水分多，人就会脱水。长时间脱水会导致呼吸停止。

1 口渴

如果人体核心温度降至35℃以下，就会出现低体温症，导致心脏停止跳动。

2 寒冷

3 鲨鱼

也不需要过于担心鲨鱼，因为遇到鲨鱼的概率很小。

如果遇到鲨鱼，那简直是致命的危险。

蜷缩成球状能够让身体保暖的时间长点儿。

如果在汪洋大海上能找到一艘小船或者一块木筏，落难的人可以通过接雨水喝，靠着捕鱼在海上生存数月。即使独自一人漂在大海上，也能生存超过30小时，等待救援。

一种卵形的船，

战胜了北极的浮冰。

1896年8月13日，一艘名为"前进号"的船从斯瓦尔巴群岛附近的极地浮冰中驶出。它花费了3年时间探索北极地区，在此之前无数的船只都在北极地区沉没了。

在当时，大部分的船都是直边深壳形船体，这有利于航行。

为了避免被撞，挪威探险家弗里德约夫·南森建造了一艘更坚固、船体更圆滑的船。

嘎吱！　噼啪！

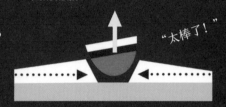

"太棒了！"

但是在北极地区，这种船容易受到周围大块浮冰的撞击。

它的底部像鸡蛋一样有弧度。当被浮冰挤压时，船就会滑向浮冰上方。

风力发电风车

在"前进号"的船舱内，南森和船员们在北极的浮冰上漂了数月之久。

许多层硬木板

毛毡层，用修剪过的软木和驯鹿毛制作，可以保温。

多亏了蛋形船体设计，"前进号"得以在北极和南极的探险中幸存下来。

65 迁徙的啄木鸟……

是虎鲨的小零食。

啄木鸟、鹟鹟、莺等许多生活在陆地上的鸟类，每年都会进行两次长距离的飞行——穿越一片海。在飞行途中，一些鸟会在海面上短暂地停留，这时水中的虎鲨就会伺机捕食它们。

每年春天，约有20亿只鸟会穿越美国和墨西哥之间的墨西哥湾。

到了9—10月，它们会再折返。

每到迁徙的时节，虎鲨都会聚集在鸟类飞行路线下方的水域。

生活在陆地上的鸟类与海鸟不同，它们的羽毛没有一层防水的油脂。所以，一旦它们飞累了掉入水中就无法存活下去……

这样它们很容易被虎鲨捕食。

66 要得到沉没在海底的宝藏，

你需要一个好律师。

那些沉入海底多年的珍宝价值连城。但是如果你在海底发现了一个沉没多年的宝物，那它真的属于你吗？这个问题通常要经过漫长且费用高昂的法律诉讼和庭审才能得到答案。

一些国家和组织宣称对有价值的沉船拥有部分或全部所有权。

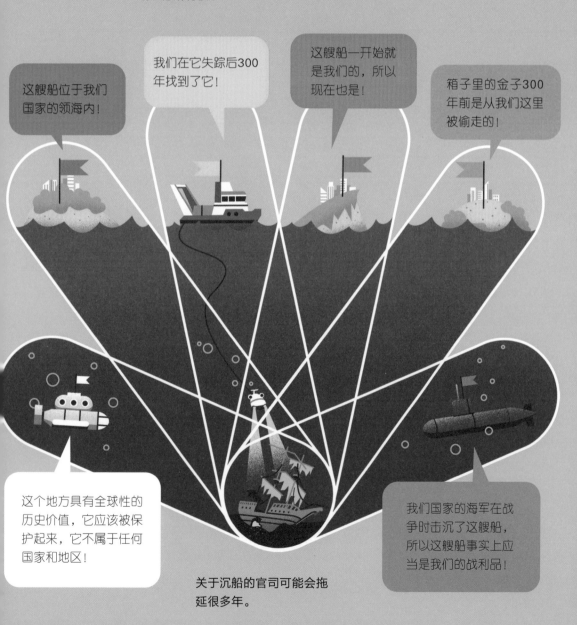

67 数十亿年前，

海洋一直是沸腾的状态。

46亿年前，地球刚形成时是一个喷发着高温岩浆的球体。许多科学家认为，大概在40亿年前，液态的海洋开始在地球上出现，虽然当时地球表面的温度可达230℃。

在这样的高温下，水通常会变为水蒸气散到空气中……

但是一些科学家认为，地球上的大气压使海洋中的水呈液态而不被晒干。

所以，毫不夸张地说，海洋在好几亿年的时间里都是沸腾的状态。

由于这样炙热的环境，美国的地质学家以古希腊的冥王为地球这一时期命名，称之为冥古代。

几亿年后，地球才逐渐冷却，海洋开始慢慢变成今天的样子。

68 及时收听电台播报的"密码",

航海者才能在海洋中安全航行。

通常,广播电台每天都会播报天气状况,预报本国海域的天气状况。广播员会用一些特殊的词语,将最重要的信息压缩到370个字以内,听起来就像一串密码,一般只有船员才能听懂。

> 福蒂斯[1]:逆转[2],暴风[3],不久后[4]现象级[5],能见度极差[6]。

一条消息一般以区域名称开头,后面紧跟着该区域天气状况的详细信息。

① 地点

巴里　赫布里底　费尔岛　维京　北于特希拉
罗科尔　克罗莫蒂　福蒂斯　南于特希拉
马琳　福斯　泰恩　道格　费雪
爱尔兰海

② 风向

顺转	风顺时针吹
逆转	风逆时针吹
气旋	螺旋状疾速运动

③ 大风预警——风力强度

大风	风力8级
狂风	风力10级
暴风	风力11级

④ 大风来临时间

马上	6小时之内
不久后	6—12小时
随后	12小时之后

⑤ 海洋状况——浪高等级

小浪	小于0.5米
中浪	1.25—2.5米
大浪	2.5—4米
巨浪	6—9米
现象级	超过14米

⑥ 能见度——肉眼可见的最远距离

能见度是以海里为单位的,1海里等于1,852米。

好	超过4海里
中等	2—4海里
不良	1—2海里
极差	小于1海里

世界上很多国家都采用类似方式播报海洋天气状况。

69 海洋岩石收藏馆……

讲述着海洋古老的故事。

在全世界的许多科学机构中，收藏了大量从海底钻取的岩石样品，这些样品被称为岩心。通过研究这些海底岩心，科学家可以了解过去不同时期海洋中的水是怎样流动的。

您能帮我找一个2003年大西洋南部的样品吗？

稍等，我正在给1968年之后的太平洋西北部的样品排序呢。

大部分的岩心都有明显的分层，顶层是最新的。这块岩心表示它被钻取时，海底主要由贝壳构成。

大部分为贝壳　　　大部分为石灰岩　　　大部分为砂岩

每一层都显示了过去不同时期海底沉积物的类型。

有时候从不同大洋钻取的岩心分层顺序相同，这说明海水从一个大洋流入了另一个大洋。

70 争取时间，

就是挽救生命。

所有大型船只都备有救生船，在发生紧急情况时可以将船员转移到安全的地方。但传统的救生船需要用缆绳或绳索降至海面，这个过程会耗费时间，有时甚至要花很长时间。

有些船舶，比如油轮，很容易起火爆炸。为了让船员更快地撤离，通常会配备自由降落救生艇，而不是传统救生船。

轨道

当灾难发生时，船员能迅速爬进救生艇，并系上安全带固定身体。

然后，救生艇沿一条轨道滑井落入水中……

亚特兰大号

救生艇可以从距离海面50米高的地方安全落下，并以每小时110千米的速度落入水中。

下沉至海面之下后……

再迅速浮出水面，并全速驶离危险区域。

是一座热闹的海底城市。

章鱼是独居动物，喜欢独来独往，但是海洋生物学家发现有一种章鱼却喜欢群居生活，颠覆了章鱼在人们心中独居的形象。在澳大利亚杰维斯湾海底，就有一座十分热闹的"章鱼大都会"。

研究"章鱼大都会"的海洋生物学家观察到了这种章鱼的种种行为……

① 喜欢和同伴居住在一起。

您想找一间什么样的住宅？沙质的，还是贝壳式的？

② 合力驱赶不受欢迎的章鱼。

快离开我们这儿，查德！

保安岗哨

欢迎来到章鱼大都会
赤道以南独一无二的天堂！

"章鱼大都会"被发现于2009年，是科学家首次发现的章鱼群居地。此后在2017年，科学家又在附近发现了第二个群居地，并将其命名为"章鱼海底城"。

每天也会"上下班"。

每一个清晨，上万亿的浮游动物开始了向深海前进的征途。到了夜晚，它们又会重新游回水面。如果以数量来统计，这是地球上规模最大的迁徙，并且每天都会发生。

早高峰

晚高峰

开饭啦！

逃离阳光，黑暗能帮我们躲过捕食者。

好饿呀！我要快点游上去。

是时候在凉爽的深海中休息会儿了。

是时候游回温暖的海面寻找食物了。

并不是只有浮游动物才会每天这样往返，一些乌贼、鱼和小型甲壳类生物也有这样的习惯。

白天，深海洋流会将浮游动物带到其他水域。

73 一艘好的皮划艇……

必须像定制西服一样合身。

数千年来，北极地区的原住民一直使用皮划艇外出狩猎。这种皮划艇十分轻，只能承载一个人，而且每一艘都是为桨手量身定做的。

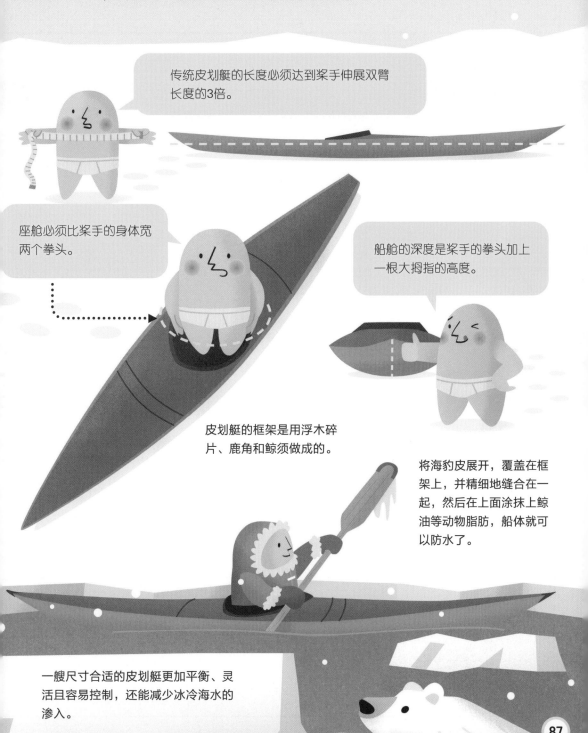

传统皮划艇的长度必须达到桨手伸展双臂长度的3倍。

座舱必须比桨手的身体宽两个拳头。

船舱的深度是桨手的拳头加上一根大拇指的高度。

皮划艇的框架是用浮木碎片、鹿角和鲸须做成的。

将海豹皮展开，覆盖在框架上，并精细地缝合在一起，然后在上面涂抹上鲸油等动物脂肪，船体就可以防水了。

一艘尺寸合适的皮划艇更加平衡、灵活且容易控制，还能减少冰冷海水的渗入。

74 马尾藻海是……

世界上唯一没有海岸的海。

马尾藻海位于大西洋的百慕大群岛东部。它虽名为"海"，但实际上只是大西洋中的一片特殊水域——没有海洋和陆地分界线，由环绕它呈顺时针运动的洋流与周围海域区分开。

马尾藻海的大小一直在随着这5股洋流的运动而变化。它的面积大约是法国国土面积的8倍。

洋流是指海水沿着一定方向，有规律地流动的水。

墨西哥湾暖流

马尾藻海

这片海是以漂浮在该海域上的海藻——马尾藻命名的。

与四周快速流动的洋流不同，马尾藻海的海水十分平静，而且清澈无比。

安的列斯暖流

美国

马尾藻海

亚速尔寒流

马尾藻为很多海洋生物，比如白皮旗鱼、大西洋鲭鲨和刚孵化出的鳗鱼等，提供了食物和栖息地。

幼年蠵（xī）龟会藏在海藻中躲避捕食者。海藻吸收阳光可以为海龟保暖，并为它们提供充足的食物。

加那利寒流

北赤道暖流

深海中的光，

是诱惑，也是震慑。

许多海洋生物都可以发光，但不同种类的海洋生物发出的光的作用各不相同。

一些生物的体内含有荧光物质，可以在特定的环境下发光，还有一些生物的光是由体内的细菌产生的。

水母

鮟鱇

吸引猎物

鮟鱇"点"起一盏"小灯笼"引诱小鱼进入它张开的口中。"小灯笼"位于其头部像钓竿一样的肉状突起末端。

迷惑捕食者

许多水母可以自身发光。一些水母会在被攻击时发出绿光或蓝光，让捕食者头晕目眩。

钻光鱼

深海龙鱼

萤火鱿

伪装

钻光鱼的腹部有一排"灯"。对于从下往上游动的捕食者来说，这使钻光鱼和明亮的天空融合在一起，难以区分。

照亮黑暗

深海龙鱼可以发出红光，这能帮助它们在黑漆漆的深海中看见并吃掉那些藏在暗处的小生物。

吓跑捕食者

萤火鱿受到攻击时，会喷出一大股发光的液体来震慑捕食者。

地球上钻光鱼的数量……

是人类数量的1,000倍。

地球上有上万亿条钻光鱼，其数量远远超过其他任意一种脊椎动物。

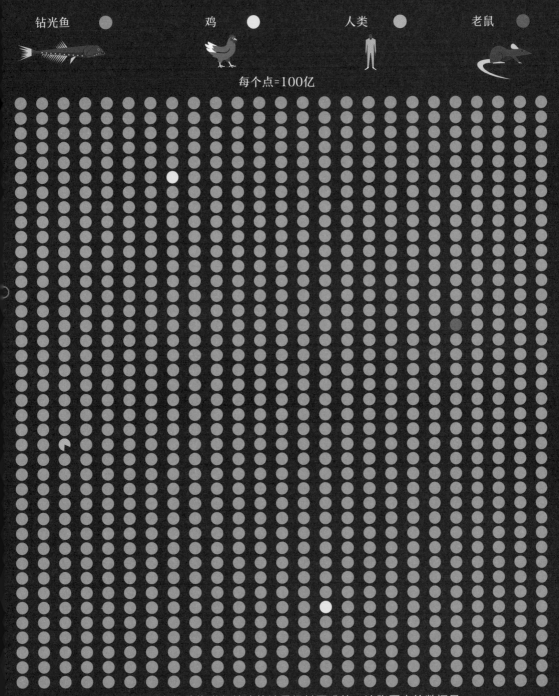

将世界上所有的动物进行精确统计是极其困难的，这张图中的数据是
科学家们倾尽全力做出的最准确的估算。

77 加勒比海的美人鱼，

令哥伦布十分困惑。

1493年1月9日，意大利航海家克里斯托弗·哥伦布在率领船队穿越大西洋的途中看见了三条美人鱼……

> 它们长着人类的脸，但是远没有画里的美人鱼那样美丽。

这是哥伦布写在航海日志中的原话。

实际上哥伦布看到的是海牛这种动物。

科学家认为，几个世纪以来，水手们记录的美人鱼和海中的神秘女性可能都是海牛、海豹或者另一种海洋哺乳动物——儒艮。

海牛和大象有亲缘关系，但是它们生活在水里。海牛行动缓慢，以植物为食，需要浮出水面进行呼吸。

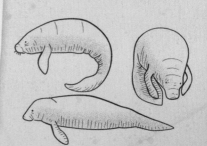

想了解海洋的历史，

可以观察各种各样的骨骼。

世界各地的海洋中都有硅藻的踪迹，这是一种单细胞植物。硅藻死亡后，会留下各种各样美丽的硅质外壳。这些外壳非常坚固，不会分解，下沉至海底后会永久地保存下来。

某片海域海底的沉积层，在显微镜下放大125倍的样子。

不同种类的硅藻适合生存的海水环境不同，如温度、光照和氧气含量等条件，因此它们的形状和大小各异。科学家们可以通过保存下来的硅质外壳来解读海洋的历史。

这个外壳属于一种暖水型硅藻。

这是一种冷水型硅藻的外壳。

科学家们能够推测出海底每层沉积层的年龄，然后据此猜测地球各历史时期海洋的冷热状况。

这是淡水硅藻的外壳，说明这片海域曾经可能是河流入海口。

这是一种距今500万年前的硅藻。

强大的船舶装配流水线，

让威尼斯共和国称霸地中海几百年。

在13世纪至16世纪，威尼斯共和国凭着一支地中海最强的海军舰队，在地中海维持了数百年的霸权。这归功于这座城市快速高效的造船工业，他们采用了类似现代工厂中的流水线的生产方式。

造船工程从陆地上开始，船的主体部分在沿海的陆地上建好。

1 搭建框架和安装船板

首先，在干船坞中，使用轻而坚固的木材搭建框架，然后安装上木板组成完整的船体。

6 组装

将要完工时，再给船装上缆绳、锚、帆和桨，这些物件也是由专门的工坊制造的。

缆绳　　　　　　　　　　　　　　帆

锚　　　　　　　　　　　　　　桨

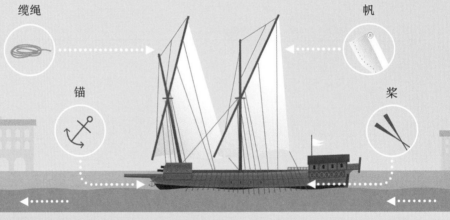

食物　**7 补给**

厨房会准备好硬面包、腌肉、腌鱼等能够长时间保存的食物，以备船队远航。

造船的这个区域叫作威尼斯兵工厂。在鼎盛时期，工厂中共有16,000名工人，每个工人负责装配流程中的特定环节。

2 填缝

为了让船不漏水，木板间的接口必须用防水填料密封。防水填料是用松香树脂制成的胶黏剂和大麻纤维混合而成。

3 入水

之后，将船体放入运河。在运河里，船体从一个工坊被拖到另一个工坊，进行各个阶段的装配工作。

5 配备武器

接下来，给船装备上武器。从16世纪开始，商船和舰船都会配备重型大炮。

大炮

炮弹

炮车

火药

4 安装船桅

桅杆在安装到船上前，已经按照标准长度提前切好。

切好的桅杆

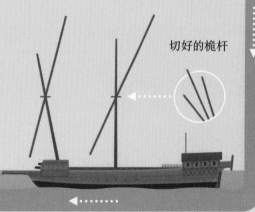

船员

8 出发

在最后环节，船装备完善，并已经配备好了至少200名男性船员，可以准备起航了。

80 当鳗鲡游到海里时，

它们的眼睛会变大8倍。

欧洲鳗鲡和美洲鳗鲡快要成年时，会从河流游向大西洋，经过一段长达10,000千米的旅程，最终到达百慕大群岛附近的马尾藻海。一旦进入海洋，它们的身体就会发生巨大的变化。

在河流里

棕黄色皮肤

紫色小眼睛

进入海洋

眼睛变大以增强在深海中的视力。

鳗鲡停止进食，胃部消失，身体为繁殖做好准备。

皮肤变得坚韧

在海洋中度过两个月后

皮肤变成银色，更容易伪装自己。

眼睛变大至原来在河流里的8倍，并且变成金色，有利于瞳孔吸收海洋中更多的光线。

到达马尾藻海后

鳗鲡交配并产卵。卵孵化后变成细小的玻璃鳗，随着海洋中的洋流漂回海岸线地带……

它们随机地游进任一条河流，一直在那里生长到成年。然后就轮到它们返回大海进行繁殖了。

马尾藻海

鳗鲡产卵的具体地点至今仍是一个谜。

81 南极洲的冰盖下面，

藏着一个上下颠倒的世界。

科学家们曾用一台水下照相机潜入南极罗斯海一个巨大冰架的深处。
在那片黑暗的海域中，他们发现了一个不同寻常的上下颠倒的世界。

像虾一样的片脚类生物颠倒着游来游去。

身体上下翻转的鱼吃着藻类。

海葵钻到冰架下面倒挂着。

倒转的生物在冰架下面觅食，就像其他在海底生活的海洋生物一样。

科学家们驻守在冰架的上方，等待着照相机传回这个颠倒的世界的照片。

82 航天器的坟墓……

在深深的海底。

当航天器发生故障或停止使用后会被送回地球，其中大部分航天器会在重返地球大气层时燃烧殆尽，残余的碎片会坠入南太平洋的一个深海无人区。

和平号
空间站

俄罗斯
1986—2001年

东方白鹳4
货运飞船

日本
2013年

这片海域是地球上距离各大洲都最远的地点——离任何地方都有数千千米远。

目前，航天器坠入这个地方不会对任何人造成直接威胁。但科学家们还不知道将这些太空垃圾长期堆放在这里是否会产生不良影响。

进步号1-42
货运飞船

苏联
1978—1990年

自动运载飞船

欧洲
2008—2014年

目前，这里有数百艘航天器的碎片。未来某天，国际空间站的残骸也将被堆放到这里。

83 加农炮弹的落水处，

曾经用作划定国家的海上国界线。

一个国家的海上国界线并不一定是沿着它的海岸线划定的。实际上，一个国家的领海延伸到了海岸的数千米之外。几百年来，各国的领海范围是由加农炮的射程决定的。

领海　　　　　　　　**公海**

现在，《联合国海洋法公约》规定的国家领海范围是从海岸线向外延伸12海里（海里为海上的距离单位，1海里约等于1.85千米）。

这一海域内，从上方的领空到下方的海底，都属于该国家。

不属于任何国家。

在20世纪中叶，各国还是通过武力方式来划定其领海的范围。

砰！

嘿，有谁听到爆炸声了吗？

由于一个加农炮弹从陆上射出的最远射程为3海里……

伙伴们，我们是不是到达公海了？

大多数国家同意将其作为一个国家领海的最大延伸范围——这就是炮弹射程规则。

刚到！

咚！

3海里
（约5.6千米）

84 龙虾……

曾引起了巴西和法国的战争。

在1961—1963年，巴西和法国因谁能捕捞龙虾而爆发了战争。这场"龙虾大战"归根结底在于一个问题：龙虾是爬行的，还是游动的？

这里是巴西领海之外的公海，法国渔民一直追着我们到这儿，我们中的大多数喜欢在大陆架上爬行。

法国人认为，龙虾在海里自由游动，不能被视为任何国家的财产。

但是在巴西人看来，这些龙虾是沿着巴西大陆架爬行的，它们归巴西所有。

其实，我们龙虾既会游泳也会爬行。巴西和法国之间的矛盾非常激烈，双方甚至派出了战舰来保护各自的渔船。

经过三年的紧张对峙，巴西和法国终于达成和解，签订协议，同意巴西的领海延伸至大陆架以外的海域，双方战舰撤回。

85 种子"偷渡客"……

曾环游世界。

在一些古老的港口城市，如纽约、安特卫普，你常常能看到来自世界不同地区的植物生长在一起。这些植物为什么会生长在一个地方？也许由于它们曾经都是"偷渡客"。

黑种草
（来自地中海地区）

贯叶连翘
（来自欧洲）

小花糖芥
（来自欧洲北部和亚洲）

尾穗苋
（来自美洲热带地区）

在船起航前，水手们通常会将出发地海滩的沙子和碎石等装到船上，作为压舱物。

压舱物是用于平衡船和船上的货物的，以确保船在水中平稳航行。

压舱物里经常无意中混入植物的种子。当水手们给新的货物腾位置时，这些混入的种子会随压舱物一起被倾倒到异国的海岸上。

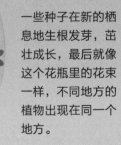

一些种子在新的栖息地生根发芽，茁壮成长，最后就像这个花瓶里的花束一样，不同地方的植物出现在同一个地方。

86 最好的潜水者……

可能拥有最大的脾脏。

生活在东南亚的巴夭人十分擅长潜水。一千年来，他们一直使用长矛和护目镜在当地的珊瑚礁地带进行捕鱼。一些巴夭人能够在水下闭气长达13分钟。他们是如何做到的呢？这可能归功于身体内的一个器官——脾脏。

呼吸时，我们吸入的氧气进入红细胞。脾脏能够储存一些含氧的红细胞，并在身体含氧量低的时候释放出它们。

脾脏越大，储存的含氧红细胞就越多。这意味着脾脏更大的潜水者能够屏住呼吸的时间更长。

巴夭人已经进化出比普通人大50%的脾脏。

普通人的脾脏

巴夭人的脾脏

这让他们一口气能够潜入超过60米深的水中。

巴夭人每天60%的时间都在水下度过，除了使用长矛、护目镜外，他们不需要其他任何水下装备。

87 在海上航行，

保命全靠运气。

在公海上航行，船只可能会遇到各种各样导致翻船或搁浅的不幸事件。一些事件可以被预测，但是更多的都是瞬间出现，毫无征兆。所以，一次远航能否顺利有时就像是在碰运气。

用棋子或骰子来测测你在海上可能会碰上什么吧！

假如你的船上有10名船员，有多少人可以安全完成这次远航呢？

出发

顺风
可以再扔一次。

援救了一艘船
增加4名船员。

遭受滔天巨浪冲击
损失3名船员。

惨遭水龙卷袭击
损失3名船员。◀┈┈┈┈ 强风卷起海水，形成饱含水汽快速旋转的气柱状水龙卷。

比桅杆还高的巨浪通常在大洋的中部。

遇强海流
往前移动三格。

遇到气旋
损失5名船员。

援救了一名在海上漂浮的水手
增加1名船员。

┈┈ 一种迅速移动的强烈旋风，产生于热带洋面。

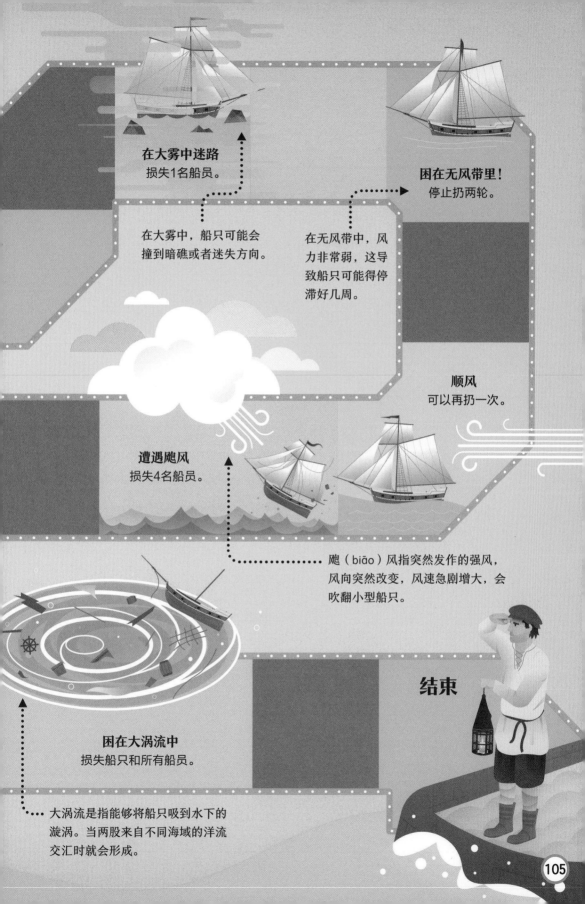

在大雾中迷路
损失1名船员。

在大雾中，船只可能会撞到暗礁或者迷失方向。

困在无风带里！
停止扔两轮。

在无风带中，风力非常弱，这导致船只可能得停滞好几周。

顺风
可以再扔一次。

遭遇飚风
损失4名船员。

飚（biāo）风指突然发作的强风，风向突然改变，风速急剧增大，会吹翻小型船只。

结束

困在大涡流中
损失船只和所有船员。

大涡流是指能够将船只吸到水下的漩涡。当两股来自不同海域的洋流交汇时就会形成。

一盘海鲜拼盘，

可能包含意想不到的食材。

海洋垃圾2
复仇计划！

据估计，海洋中有超过50万亿片微塑料。鱼和贝类不小心吞食后，微塑料会留在它们体内。当我们食用这些鱼和贝类时，微小的塑料颗粒就会进入我们的身体。

人类让我们吃了他们
产生的塑料垃圾，

我们就让他们也尝尝
这塑料垃圾的滋味

领衔主演

数吨各式各样的塑料垃圾

主演　　贻贝中的　　鳊鱼体内的塑　　鳕鱼体内的材
　　　　　塑料颗粒　　料瓶碎片　　　料包装残片

"塑料污染绝不
能被忽视！"

"必须减少
塑料垃圾！"

"这是对地球上
所有生命的威胁！"

89 依靠漂浮在海上的物体，

一些动物成功穿越了太平洋。

2011年，一场大海啸席卷日本，成百上千的动物被卷入海中。几个月之后，其中一些动物重新回到了陆地上，但却是北美洲的陆地。

大部分的动物靠漂浮的塑料垃圾完成了这趟约6,500千米的旅程。塑料垃圾可以在海上漂浮数年而不腐坏。

这些动物中包括贻贝、螃蟹、海葵、海蛞蝓、水母、帽贝、藤壶、蠕虫和鱼。

一个在海上漂浮了15个月的船坞，搭载着120种不同的动物抵达了美国的俄勒冈州。

两年后，一艘船出现在美国华盛顿州的海岸，船上还有6条活着的鱼。

大约300种不同的动物漂到了美国，这是动物迁徙史上单程长途迁徙数量最多的一次。科学家们正在监测这些漂来的物种，观察它们的到来是否会对当地的野生动物造成影响。

90 一些科学家和航天员……

住在水下科学实验室中。

在美国佛罗里达群岛的基拉戈岛附近，水下19米处有一间神秘的实验室——"宝瓶座"海底实验室。它是世界上唯一一个永久的水下科学实验室。科学家们在那里研究海洋生物，而航天员则在那里进行训练，为太空生活做准备。

这座实验室由佛罗里达国际大学管理，全世界的科学家都能够使用它。

科学家们在这里也可以被称为潜水员，他们一次最长能够在实验室中待两周。

生活在实验室中的科学家每天有9小时的时间来对周围海域进行探索。

科学家们研究海洋生物，以及气候变化、环境污染对海洋的影响。

多年以来，实验室外部覆盖了一层坚硬的珊瑚层，保护着实验室不被损坏。

美国国家航空航天局利用这里进行他们的NEEMO（NASA 极端环境任务行动）计划。

NEEMO计划中的航天员们会在此测试将来的航天任务中会用到的导航设备等。

在水下可以体验到类似在太空中失重的飘浮感。这能够帮助航天员们提前适应在低重力或微重力环境中，穿着笨重的航天服工作的状态。

航天员们在此测试用于探索月球、火星，甚至小行星表面的工具。

已知的物种。

在21世纪初，全球数百名科学家通力合作，历时十年创建了一个海洋生物学数据库《世界海洋生物目录》（*World Register of Marine Species*，简称WoRMS）。他们推测，海洋中有相当多的物种还未被发现。

已知的物种数量

250,000

这个数字一直处于变动中。
每年约有2,000种新物种被发现和命名，而且每年也有一些已知的物种濒临灭绝。

濒临灭绝的物种

一些物种已经被列为濒危物种，这意味着这些物种的数量十分稀少，它们面临灭绝的危险。

总数：未知

目前，约有超过2,000种已知的濒危物种，未知的濒危物种数量应该也有很多。

未知物种数量

超过500,000

这个数字是科学家估算出的。

其中大多数可能是贝类、腹足类、甲壳类、浮游动物和浮游植物，它们都是体形非常小的物种。

这些未知物种也有可能濒临灭绝，而且科学家们并不知道数量是多少。

灭绝物种

每年都有未知数量的物种灭绝，包括人们未知的和已知的物种，这些生物永远从地球上消失了。

如果晃得太剧烈，

鱼也会晕船。

几乎所有人以及大部分的陆生动物在波涛汹涌的海上航行时都会晕船。晕船是一种很糟糕的体验，晕船者会感到头晕恶心。其实，即使是生活在海里的鱼类，也会出现晕船的状况。

一位研究鱼类大脑的科学家发现，当把鱼置于模拟太空低重力环境的飞机上时，鱼会头晕。

飞机急剧攀升后从高空突然下降，会造成机舱内约30秒的低重力环境。

根据科学家的观测，实验过程中一些鱼开始回旋绕圈，看起来一副恶心想呕吐的样子。

93 经历了漫长的海上航行，

船员刚登上陆地时也会感到晕眩。

许多人可能都有过晕船的经历，这种晕眩在医学上被称为晕动症，
在其他情况下也会发生。

晕动症可能发生在……

乘船时，

骑骆驼时，

或者坐车时。

晕动症是由于大脑预期的运动状态与实际感受到的运动状态不一致而引起的症状。当大脑中
控制平衡的部位被搅乱，身体就会产生一系列不适，比如晕眩、呕吐和冒冷汗。

在太空中，

在虚拟仿真场景中，

在刚登上陆地时也会发生晕动症。

很多海员能够克服晕船，适应海上的生活。但是当回到陆地上，他们的大脑不能立刻进
行调整，经常会感觉陆地在脚下晃动。这种"陆地晕眩"可能要持续数天才会消失。

94 一艘"幽灵船"，

至今仍萦绕在历史学家的心头。

1872年12月，水手们在大西洋上遇见了一艘名叫"玛丽·赛勒斯特号"的船。这艘船的航线很奇怪，在海上顺风漂流。观察了一段时间后，水手们决定登上它一探究竟。他们发现船的甲板上有一些水，货物完好无损，但是船上一个人都没有。这是一艘"幽灵船"。

到底发生了什么?

这艘船于1872年11月7日从纽约起航，开往意大利热那亚。

"玛丽·赛勒斯特号"
复原图

"玛丽·赛勒斯特号"之谜
案件整理

布里格斯船长

被发现地

行驶航线

布里格斯船长
位置：未知

7名船员
位置：未知

布里格斯的妻女
位置：未知

航海日志中最后的记录时间为船被发现前的第10天。

关键信息
- 船帆是升起来的
- 船员的随身物品仍然在船上
- 船上有足够供给6个月的食物和饮用水
- 船上唯一的一艘救生艇不见了

推测1：海怪出没

他们是不是被深海怪兽带走了？

不太可能

推测2：龙卷风

龙卷风的出现可能导致船员们紧急撤离，这也可以解释船上进水。但是船身为什么没有遭到损坏呢？

有可能

推测3：害怕发生爆炸而弃船

货船上的某种物质可能泄漏了，比如酒精。船员们因为害怕发生爆炸而弃船逃跑。

有可能

95 鼓虾发出的噪声，

像火箭发射时产生的一样大。

鼓虾是一种常见的虾类，它们可以通过闭合坚硬的大螯，产生比其他任何海洋生物都大的声音。

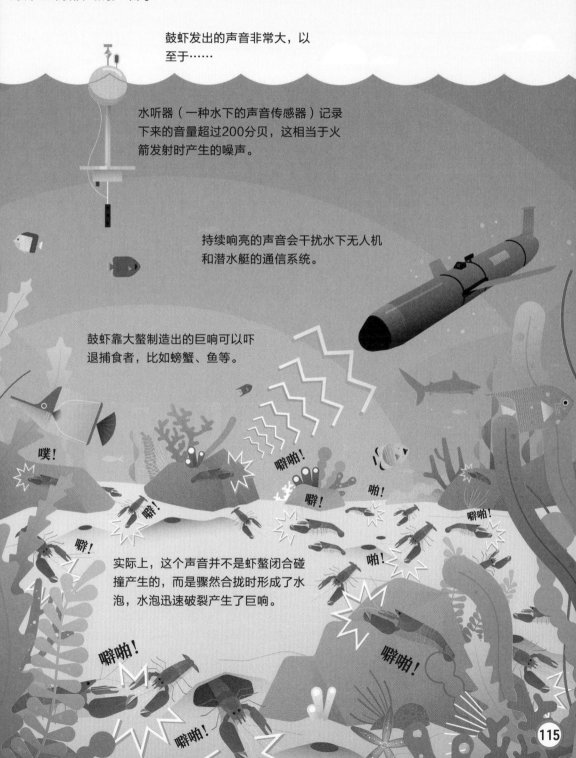

鼓虾发出的声音非常大，以至于……

水听器（一种水下的声音传感器）记录下来的音量超过200分贝，这相当于火箭发射时产生的噪声。

持续响亮的声音会干扰水下无人机和潜水艇的通信系统。

鼓虾靠大螯制造出的巨响可以吓退捕食者，比如螃蟹、鱼等。

实际上，这个声音并不是虾螯闭合碰撞产生的，而是骤然合拢时形成了水泡，水泡迅速破裂产生了巨响。

噗！

噼啪！

噼！

啪！

噼！

噼！

噼啪！

啪！

噼啪！

噼啪！

噼啪！

噼啪！

96 海洋中到处散布着黄金，

但没有人能获得它们。

几个世纪以来，人们从地下的岩石中开采黄金，或者是在河床上淘金。事实上，海洋中的黄金储量远比陆地上的多，但这些黄金几乎无法获取。

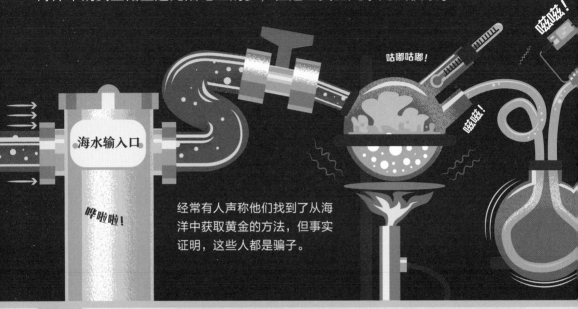

咕嘟咕嘟！

嗞嗞！

嘭嘭……

哗啦啦！

海水输入口

经常有人声称他们找到了从海洋中获取黄金的方法，但事实证明，这些人都是骗子。

97 潜水艇上的床位……

永远不会空着。

在潜水艇中，每一寸空间都十分珍贵。通常，潜水艇上的船员人数要比床位多，所以船员们需要共享铺位，轮流睡觉。

一艘标准的军事潜水艇通常约100米长，可承载约100名船员。

潜水艇三分之一的空间被发动机和驾驶室占据了，剩下的生活区域和工作区域非常有限。

这艘潜水艇是核动力潜水艇，它可以长期潜行而不需要补给燃料，并且能够将海水转换为氧气和淡水。

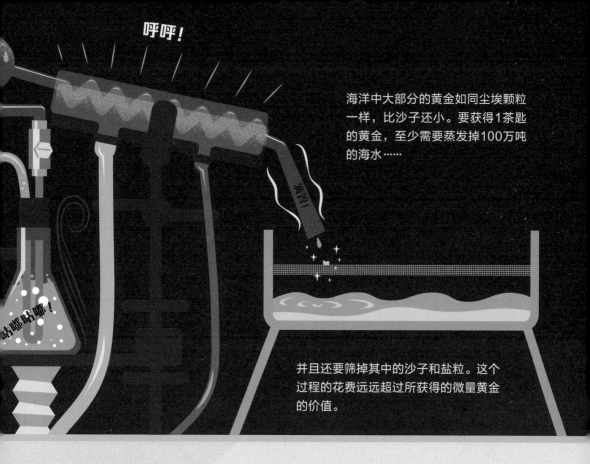

呼呼！

咕嘟咕嘟！

海洋中大部分的黄金如同尘埃颗粒一样，比沙子还小。要获得1茶匙的黄金，至少需要蒸发掉100万吨的海水……

并且还要筛掉其中的沙子和盐粒。这个过程的花费远远超过所获得的微量黄金的价值。

潜水艇上的生活通常18小时为一次循环：6小时的工作时间，6小时的训练和娱乐时间，6小时的睡眠时间。

当一名船员离开铺位去值班，另一名船员就会立刻来休息。因此，这些铺位被称为"热铺盖"。

铺位有时还会被用于储存额外的补给物品。

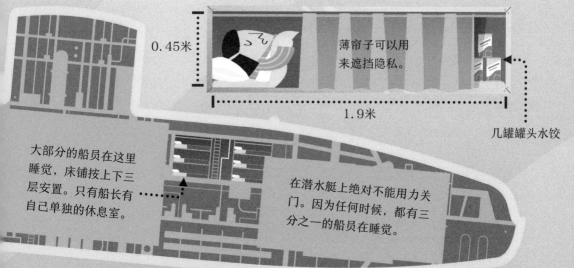

潜水艇上的一个铺位

0.45米

薄帘子可以用来遮挡隐私。

1.9米

几罐罐头水饺

大部分的船员在这里睡觉，床铺按上下三层安置。只有船长有自己单独的休息室。

在潜水艇上绝对不能用力关门。因为任何时候，都有三分之一的船员在睡觉。

可能需要用700只羊来制作船帆。

维京人是造船行家，他们制造的船能够在峡湾浅水区或波涛汹涌的海洋中平稳地航行。1,000年以前，维京人就常常在欧洲北部、地中海航行，甚至穿越过大西洋。但是，如果没有大量的羊，这些船可能永远无法扬帆起航。

维京长船上的大风帆是用非常多的羊毛制成的。

一艘30米长的维京长船上的帆大约需
要用700只羊身上的毛才能制成。

20名造船工人花费6个月时间可
以造出一艘维京长船。

但是船帆却需要20名织布工人花
费一整年的时间才能制成。

99 过去，夏威夷最长的冲浪板……

是为皇室准备的。

在古代的夏威夷，无论性别和贫富，所有人都会冲浪。300年前，每一个人都可以使用"阿拉亚"来冲浪，但是只有少数人可以用"奥洛"来冲浪。"阿拉亚"和"奥洛"是两种不同的冲浪板。

"奥洛"是一种冲浪板，它的长度有6米。

只有国王、王后、王子和公主们才能使用这种特制的冲浪板。

它们非常适合在较低的斜波浪中长距离滑行。

平民通常使用"阿拉亚"来冲浪，这是一种3米长的冲浪板。

"阿拉亚"适合在较陡的急流碎波浪中短距离滑行。

现在，初学者一般会使用较长的冲浪板来冲浪，这种长板比较稳定，而专业冲浪者则使用较短的冲浪板来完成高难度特技。

100 有一种老虎……

常常在岛屿之间游泳。

虽然很多猫科动物都怕水，但是老虎却是游泳健将。它们能够潜入水中游很远的距离，并且还会将猎物赶到水里，这样更容易猎杀它们。

老虎可以在海洋中游大约15千米的距离，在河流中能游30千米。

苏门答腊虎——一种生活在印度尼西亚的老虎，它们甚至发育出了蹼趾以帮助游泳，这让它们成为杰出的长距离游泳健将。

苏门答腊虎通常在岛屿之间游泳，寻找新的领地和猎物。

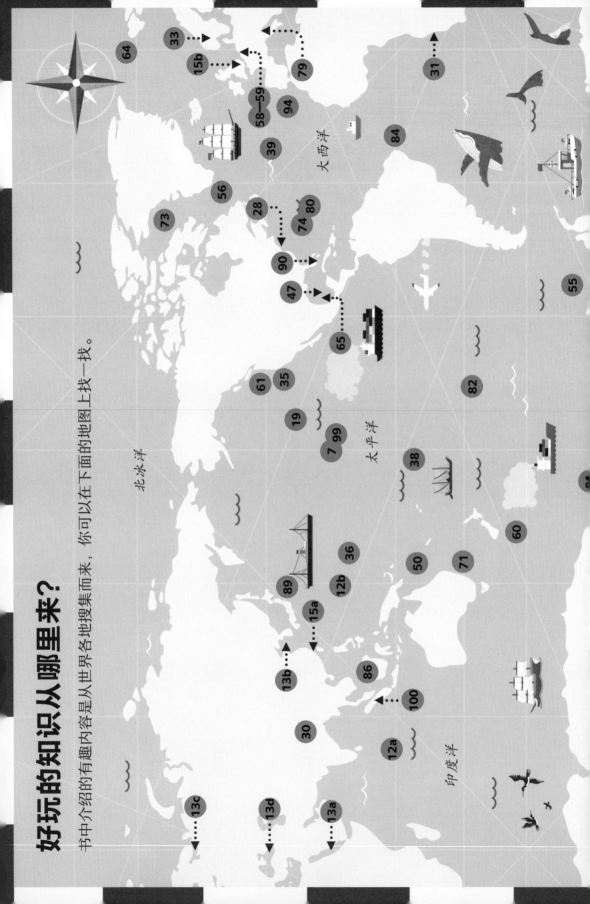

好玩的知识从哪里来？

书中介绍的有趣内容是从世界各地搜集而来，你可以在下面的地图上找一找。

北冰洋

大西洋

太平洋

印度洋

术语表

板块： 地球岩石圈层被洋中脊、海沟、转换断层等构造活动带分割形成的不连续板状岩石圈块体。

鞭毛藻： 藻类，可以像萤火虫一样释放出光亮。这种光能释放是鞭毛藻的自卫防御功能，扰动越猛烈，光亮越显著。

大气层： 地球的外面包围的气体层，也叫作大气圈。

浮游动物： 体形细小，且缺乏或仅有微弱的游动能力，主要以漂浮的方式生活在各类水体中的动物的总称。

浮游植物： 悬浮于水中随水流动的单细胞植物，主要有单细胞藻类和光合自养细菌。

公海： 又称"开放海"，各国都可以使用的不受任何国家权力支配的海域。

共生关系： 两种不同生物紧密相连地生活在一起，成为互惠互利的关系。

光合作用： 生物吸收太阳的光能转变为化学能，再利用自然界的二氧化碳和水，产生各种有机物的过程。

海床： 即海的底部，也叫海底。

海牛： 哺乳动物，生活在海洋里，形状略像鲸，前肢像鳍，后肢已退化，尾巴呈圆形，全身无毛，皮厚，灰黑色，有很深的皱纹。

海平面： 海水所保持的水平面。

海藻： 一种生长在海洋中的藻类，如海带、紫菜、石花菜等。

寒流： 从高纬度流向低纬度的海流。寒流的水温比它所到区域的水温低。

黑烟囱： 海底热液的出口往往能够形成"黑烟囱"。由于物理和化学条件的改变，含有多种金属元素的矿物在海底沉淀下来，尤其是在喷溢口的周围连续沉淀，不断加高，形成了一种烟囱状的地貌。

红树林： 生长在热带和部分亚热带海滨潮间带的木本植物群落类型。

化石： 保存在岩层中的古生物遗体、遗物和活动遗迹。

集装箱： 有标准尺度和强度、专供运输业务中周转使用的大型装货箱。

甲板： 轮船上分割上下各层的板（多指最上面即船面的一层）。

领海： 邻接一国陆地领土和内水，距离一国海岸线一定宽度的海域，包括该海域的上空和海底在内，是该国领土的组成部分。

龙骨： 是在船体的基底中央连接船首柱和船尾柱的一个纵向构件，它位于船的底部。

暖流： 从低纬度流向高纬度的洋流。暖流的水温比它所到区域的水温高。

起重机：吊运或顶举重物或物料的搬运机械，多装在甲板上。

潜水艇：能够潜入水中进行攻击的军事舰艇。

色素细胞：有时称为色素体，是两栖动物、鱼类、爬行动物、甲壳动物、头足纲动物中的一种含有生物色素的细胞。对于产生皮肤色彩和眼睛色彩扮演着重要角色。

珊瑚礁：以珊瑚骨骼为主骨架，辅以其他造礁及喜礁生物的骨骼或壳体所构成的钙质堆积体。

生物发光：某些生物体内的荧光素在酶作用下氧化而产生光的现象。

水手：在舱面上工作的普通船员。

水听器：能将水中声信号转换成电信号的换能器，一般应具有较高的接收灵敏度。

脱水：人体中的液体大量减少，常在严重的呕吐、腹泻或大量出汗等情况下发生。症状是口渴、皮肤干燥、软弱无力等，严重时虚脱甚至死亡。

桅杆：竖于船的甲板上，用于挂帆的杆子。

无风带：通常指小风或静风的纬度带。海洋上的南北纬30°—35°就是无风带。

无脊椎动物：除脊索动物以外所有动物的总称。无脊椎动物的主要特点是，身体的中轴没有脊椎骨组成的脊柱。

细菌：在生物圈内广泛生存的单细胞原核生物，对自然界物质循环起着重大作用。

压舱物：配置于船舶舱室中用以调整船舶的稳性、纵倾和吃水等航海性能的物品。

种群：一定地理区域内同一物种个体的集合。

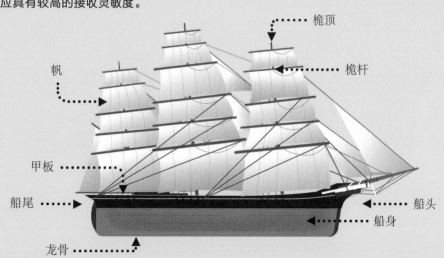

索引

一支专业团队通力合作，

才挖出了100件出人意料的事。

内容创作

杰罗姆·马丁　　亚历克斯·弗里斯
爱丽丝·詹姆斯　米娜·莱西　丽兹·科普

版式设计

珍妮·奥夫利　　温索姆·达布鲁
蒂莉·基奇　　伦卡·赫霍娃　　赛缪尔·戈勒姆

插画绘者

多米尼克·拜伦　　戴尔·埃德温·默里
费德里科·马里亚尼　肖·尼尔森杰克·威廉姆斯

顾问专家

罗杰·特伦德博士
杰克·H. 拉威瑞克博士

统筹编辑　　露丝·布洛克赫斯特
统筹设计　　斯蒂芬·蒙克里夫

搜集这100件事超不容易，作者们成天待在图书馆、博物馆里查资料。总算苦尽甘来！希望你喜欢这本书。